“十三五”普通高等教育本科部委级规划教材

服饰色彩创新设计

潘春宇　编著

中国纺织出版社有限公司

内 容 摘 要

这是一本有趣的色彩设计专业教材，它深入浅出，层层剖析，将服饰色彩设计的理论基础知识和实践操作经验有序地展现在读者的面前。本书的三个主体部分，认识色彩、调配色彩和创造色彩，既顾及读者对于色彩搭配技巧的需求，又把色彩设计创新的概念加以全新的拓展，揭示了未来时尚色彩设计的发展方向，把服饰色彩创新设计课程的教学范围拓展到了新的广度。

本书适用于服装专业师生教学使用，也可供服饰设计、色彩设计、时尚搭配等相关从业人员参考学习。

图书在版编目（CIP）数据

服饰色彩创新设计 / 潘春宇编著 . —北京：中国纺织出版社有限公司，2021.6

“十三五”普通高等教育本科部委级规划教材

ISBN 978-7-5180-8380-0

Ⅰ . ①服…　Ⅱ . ①潘…　Ⅲ . ①服装色彩—设计—高等学校—教材　Ⅳ . ① TS941.11

中国版本图书馆 CIP 数据核字（2021）第 033054 号

策划编辑：孙成成　　责任编辑：谢冰雁
责任校对：楼旭红　　责任印制：王艳丽

中国纺织出版社有限公司出版发行
地址：北京市朝阳区百子湾东里 A407 号楼　邮政编码：100124
销售电话：010 — 67004422　传真：010 — 87155801
http: //www.c-textilep.com
中国纺织出版社天猫旗舰店
官方微博 http://weibo.com/2119887771
北京华联印刷有限公司印刷　各地新华书店经销
2021 年 6 月第 1 版第 1 次印刷
开本：787 × 1092　1/16　印张：10
字数：218 千字　定价：69.80 元

这是一本有趣的色彩设计专业教材，看过之后感觉和以往的教材很不一样。它深入浅出、层层剖析，以旁征博引的案例和不落窠臼的思路，将“服饰色彩设计”的理论基础知识和实践操作经验有序地展现在读者的面前。

这本书的三个主体部分，认识色彩、调配色彩和创造色彩，既顾及读者对于色彩搭配技巧的需求，又把色彩设计创新的概念加以全新的拓展，揭示了未来时尚色彩设计的发展方向，把“服饰色彩设计与创新”的教学范围拓展到了新的广度。

作者是我的学生兼好友，他在这个时尚领域苦心孤诣地探索是有价值的，尤其是在博士攻读阶段的专业研究中就表现出了对服饰色彩设计的独到见解。

应该说，这本教材的内容是经得住时间考验的。

教授

2020年初夏

自序

服装的三要素是款式、色彩和面料。在时尚发展日渐加速的今天，款式和面料的设计创新层出不穷，但是都不如色彩设计的变化来得快捷和效果显著。色彩设计，可以在以款式和面料为主导的服装设计中当好配角，烘托它们的风采；也可以成为一个独立的主角，在款式和面料缺少变化的时候担当时尚创新的主力。

服饰色彩设计，在狭义上是指服装和相搭配的饰品、附属物件的色彩组合；从广义上说，还包括着装者的妆容、发色、肤色等形象设计要素的色彩关系，是时尚形象设计的重要内容。服饰色彩设计，需要与服饰形式相协调、与人物体貌相吻合、与整体风格相一致，用色彩传递出着装人物的情感、精神和时代的风貌。

优秀的服装设计师首先应该是一个色彩设计师，他（她）熟练地掌握了关于色彩的基本知识，能够从色彩设计中找到创新切入点，选择时尚而有内涵深度的颜色，处理好微妙细腻的色彩变化，引导时尚色彩的流行。本书将围绕着服装、服饰与形象设计时所涉及的配色原理、配色技巧和色彩设计创新思路，展开梳理和讨论。

下面让我们一起，进入服饰色彩设计这个富有时尚魅力的创新空间吧！

潘春宇

2020年5月

CONTENTS | 目录

第一章
绪论

第一节 **服饰色彩设计研究什么**

一、色彩物理 / 2
二、色彩心理 / 3
三、色彩文化 / 4
四、色彩应用 / 5

第二节 **现代色彩研究方向**

一、由自然性到符号性 / 6
二、由再现性到表现性 / 7
三、由单一性到多样性 / 8
四、由静止性到动态性 / 9

第三节 **怎样成为色彩设计的专业人士**

一、建立色彩素材库 / 10
二、激发信息探究热情 / 11
三、保持大脑运转灵活 / 11
四、关注色彩流行趋势 / 12
五、多与专业人士交流 / 12

小工具推荐：色彩拾取器 Color Grab / 12

本章作业：自拟课题建立“色彩灵感图” / 12

思考题 / 15

第二章
认识色彩：色彩学原理

第一节 **色彩起源**

一、牛顿色彩实验 / 18
二、人对色彩的感知原理 / 18
三、固有色 / 19
四、光源色 / 19
五、环境色 / 19
六、色彩恒常性 / 20

第二节 **原色、间色与复色**

一、颜料三原色与减法混合 / 21
二、色光三原色与加法混合 / 22
三、中性混合 / 23
四、叠色混合 / 23
五、三间色与间色变化 / 24
六、复色 / 25
七、色彩的基因图谱 / 25

第三节 **色相搭配**

一、同种色配色 / 26
二、类似色配色 / 26
三、邻近色配色 / 26

四、中差色配色 / 26
五、对比色配色 / 27
六、互补色配色 / 27
第四节　色彩命名法
一、色彩自然命名法 / 28
二、色彩系统命名法 / 29
三、色立体命名法 / 29
四、有彩色与无彩色 / 31
第五节　色彩的心理属性
一、主要色相的心理联想 / 32
二、色彩的心理错觉 / 53
三、案例分析：莫兰迪色系 / 56
第六节　色彩的文化属性
一、色彩与生命意识 / 57
二、色彩与五行观念 / 58
三、色彩与等级观念 / 58
四、色彩与雅俗观念 / 59
五、色彩与礼仪观念 / 60
六、色彩与审美观念 / 61
七、案例分析：撞色 / 63
八、案例分析：中国白 / 63
小工具推荐：中国色网站 / 64
小工具推荐：色卡 / 64
本章作业：主题色彩提取与重组 / 65
思考题 / 67

第三章
调配色彩：色彩调和与形式美原则

第一节　色调 / 70
一、色调的概念 / 70
二、色相色调 / 71
三、冷暖色调 / 72
四、明度色调 / 74
五、纯度色调 / 76
六、案例分析：中国佛教用色的素与艳 / 78
第二节　服饰色彩风格 / 80
一、色彩风格的概念 / 80
二、四象限法和九宫格法 / 81
三、色彩风格类型分析 / 82
第三节　服饰色彩调和技巧 / 87
一、色彩调和的概念 / 87
二、单色调和 / 88
三、双色类似调和 / 88
四、双色对比调和 / 89
五、双色同一调和 / 90
六、双色互混调和 / 90
七、双色秩序调和 / 90
八、双色间隔调和 / 91
九、双色面积调和 / 91
十、双色反复调和 / 92
十一、双色聚散调和 / 92
十二、多色类似调和 / 92
十三、多色对比调和 / 93

第四节　服饰色彩形式审美原则 / 95
一、色彩形式美的概念 / 95
二、色彩形式美之“对称” / 96
三、色彩形式美之“均衡” / 96
四、色彩形式美之“对比” / 96
五、色彩形式美之“主从” / 97
六、色彩形式美之“强调” / 97
七、色彩形式美之“点缀” / 97
八、色彩形式美之“节奏” / 98
九、色彩形式美之“渐变” / 98
十、色彩形式美之“呼应” / 98
十一、色彩形式美之“层次” / 98
十二、色彩形式美之总原则 / 99
第五节　服饰品色彩搭配技巧 / 100
一、色彩搭配的概念 / 100
二、色彩搭配的内容 / 100
本章作业：服装配色与变调练习 / 110
思考题 / 111

第四章
创造色彩：服饰色彩设计的创新

第一节　概述 / 114
第二节　服饰色彩的观念创新 / 115
一、观念创新原理 / 115
二、观念创新案例：拼布设计 / 116
三、观念创新案例：偶发性色彩 / 117
第三节　服饰色彩的技术创新 / 121
一、技术创新原理 / 121
二、技术创新案例：蓝印花布改良设计 / 124
三、技术创新案例：废旧材料再利用 / 126
第四节　服饰色彩的流行创新 / 127
一、流行色概述 / 127
二、流行色的特征 / 128
三、流行色发布机构 / 129
四、流行色定案的解读 / 130
五、流行色配色 / 131
六、流行创新案例：永恒的流行色 / 134
第五节　服饰色彩的营销创新 / 135
一、色彩营销创新的商业价值 / 136
二、色彩营销创新的特征 / 137
三、色彩营销创新的步骤 / 138
四、色彩营销创新的注意事项 / 139
本章作业：品牌服装色彩调研与营销策划 / 141
思考题 / 142
参考文献 / 143
图片来源 / 144
后记 / 151

01

第一章

绪论

本章课程思政点

承扬传统，挖掘民俗色彩文化的内涵，关注中国价值：基本国情，公序良俗，敬业乐业，家国情怀。

内容目标

本章主要介绍服饰色彩设计的研究内容、研究方向和研究方法。旨在通过综述性的介绍，让同学们对色彩设计的内涵和外延有初步的认识，对服饰色彩设计的创新产生浓厚的兴趣。

授课形式

课堂讲授，分组讨论，交流点评

课时安排

8学时（总64学时）

第一节 服饰色彩设计研究什么

一、色彩物理

凡是目光所及，色彩无处不在。

大自然“魔术师”经过神奇地调配，以光与色渲染出一个光彩夺目的色彩世界。在光的照射下，物象呈现出它的颜色。

一切物象都是由形态、色彩两个基本的形式要素组成的。俗话说“远看色，近看花”，说明在形式要素中，色彩比形态、质感更容易作用于人的视觉，被人感知，再经过大脑的综合分析，形成色彩概念（图1–1）。

图1–1 消费者最容易感知的色彩形式

历史证明，人类很早就发现了色彩的千差万别，通过色彩物理、色彩心理、色彩文化和色彩应用的认识与实践，掌握了色彩之间很多有趣的内在联系，创造了较为完整的色彩体系。

在这个体系中，色彩三要素——色相、明度、纯度——是色彩最重要的属性，也是色彩设计的理论基石。从色相上说，赤橙黄绿青蓝紫等鲜明的色彩依次排列，首尾相连形成“色相环”[1]。色相环上相邻的色相以不同的数量比例相混合，又衍生出很多过渡色彩。

除此以外，黑色和白色，以及黑白互混得到深浅不一的灰色，深灰、中灰、浅灰……形成色彩明度。而彩色和黑白灰的混合，又出现了复杂含蓄的有色灰系列，表现出色彩纯度的多样魅力（图1–2）。色彩三要素具有相互对比又彼此统一的关系，形成色彩的形式美感。

科学家们专注于色彩物理的深入研究，为色彩艺术的认识发展起到了指导性的作用。作为艺术色彩的实践者，色彩设计师需要养成关注色彩的习惯，强

[1] 色相环（color circle）：一种环状色彩研究工具，按照在自然中出现的色相光谱顺序把色彩排列在圆环上。

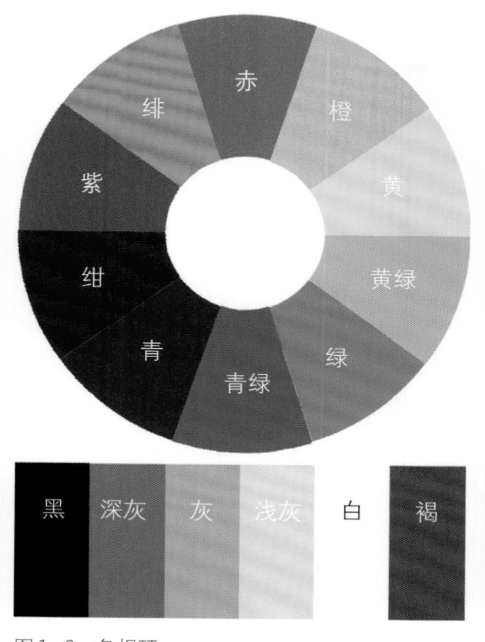

图1-2 色相环

图1-3 快乐的彩虹伞

化对色彩的敏锐感知，从缤纷绚丽的自然日常中辨识色彩品相、筛取色彩三要素，对色彩相互关系进行理性分析，增加对色彩审美的体验。

二、色彩心理

色彩作用于人的视觉器官后，带来了人脑的联想和情感反应，这就是色彩心理。

人们总是自然而然地借助自己的生活经验，去评判各个色相、各个色调，如红的、绿的、灰的和暖色调、暗色调、对比色调。不同的色相和色调会带来差异化的心理反应。

首先，色彩会带给大多数人相类似的心理反应，如暖色看起来会膨胀，冷色看起来会收缩；亮色会前进，暗色会后退；鲜艳的色彩令人兴奋，污浊沉闷的色彩令人感到压抑等。举个例子，在江南地区的冬夜，如果出门时遇到一场湿冷的雨，常常会令人感到沮丧，假如这时候递给你一把绚丽的彩虹伞（图1–3），一定会为你带来轻松愉悦的好心情，从而扫尽烦闷。

再有，色彩作用于人的视觉器官所产生的大脑认知和情感，常常因人而异，而且不够严谨。面对客观的色彩世界，人们错误或不全面的感知比比皆是，这就是色彩视错觉❶。

同一块颜色，放在不同的环境中，形成的色彩感觉截然不同。如图1–4所示，观察A色块和B色块的灰度是一样的吗？A色块虽然躲在圆柱体的阴影里，但它本来是一白色块；而B色块虽然暴

❶ 色彩视错觉：指观察者在客观因素干扰下或者自身的心理因素支配下，对色彩图形产生的与客观事实不相符的错误的感觉。

图1-4 色彩明度错觉

图1-5 中国婚礼服饰

露在强光下，但它是黑色的，所以人们普遍会觉得“B色块比A色块更黑”。

事实上，这是色彩视错觉——两个灰色块其实是一样的，它们的四周环境干扰了人们的感觉判断。

这种不断尝试新的方法，利用观看者的心理错觉营造生动有趣的色彩设计的方法，令色彩艺术家们万分着迷。

三、色彩文化

色彩在设计应用中，是一种深刻而富有感召力的神奇语言，它扎根于文化土壤，无论是表现形式还是应用规律，都深深打上了历史和地域性的文化烙印，容易引发同文化族群的共鸣。

红色，对中国人来说具有明显的文化内涵。在中国举行婚礼时，新娘一般要头戴红花、身穿红裙，家里贴上红喜字；过年的时候，要贴红色春联、挂红灯笼，还要给压岁红包。红色处处透露着幸福欢乐的喜气（图1-5）。中国百姓喜闻乐见的“中国红”，因为中国文化的灿烂悠久而内涵厚重，而中国文化也因为中国红的沿用不息而显现出与时俱进的生命力。

中国红是谁率先开始用的已经无法考证，但是国际克莱因蓝（International Klein Blue）的来历是清清楚楚的。

1957年，一个名不见经传的年轻人伊夫·克莱因[1]“粗暴而任性”地用自己的名字命名了一种蓝颜色称为“国际克莱因蓝”，并个性十足地为它申请到了专利（图1-6）。为了推广这种“绝对的蓝”，他做了大量的艺术创作和商业尝试，并大获成功。在接下来的几

[1] 伊夫·克莱因：Yves Klein（1928—1962），法国艺术家，新现实主义艺术的推动者，被视为波普艺术风格最重要的代表人物之一。与安迪·沃霍尔（Andy Warhol）、马塞尔·杜尚（Marcel Duchamp）和约瑟夫·博伊斯（Joseph Beuys）一起，并称为20世纪后半叶对世界艺术贡献最大的四位艺术家。

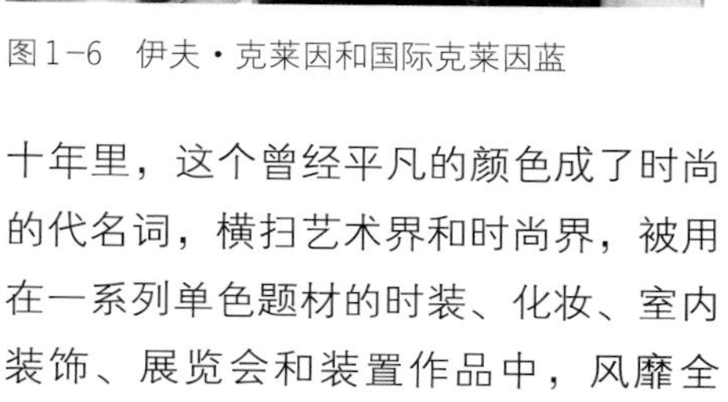

图1-6 伊夫·克莱因和国际克莱因蓝

图1-7 色彩应用的领域

十年里，这个曾经平凡的颜色成了时尚的代名词，横扫艺术界和时尚界，被用在一系列单色题材的时装、化妆、室内装饰、展览会和装置作品中，风靡全世界。

国际克莱因蓝，完全靠人为策划、包装，人为赋予文化内涵以创造出一种既有文化特征又有商业价值的流行色彩。以文化之名，用文化来讲一个色彩故事，又有谁知道下一个让我们仰视的"疯狂色彩"会是什么呢?

四、色彩应用

马克思说："色彩的感觉是一般美感中最大众化的形式。"

什么是"最大众化"？就是说色彩在人们生活、生产的方方面面都有着重要的作用，最容易被大家感知和接受，不管男女老幼、不论民族和国家。

现代科学研究表明，一个正常人从外界接受的信息有90%以上依靠视觉器官输入大脑，而视觉形象的差异和边界，基本都是通过色彩和明暗关系来区分得到的。所以说，设计师首先要通过色彩来建立形象视觉的"第一印象"——用色彩"博人眼球"。

事实就是这样，色彩设计能够强化产品的识别度、认同度，帮助消费者在众多的干扰元素中找到、理解并欣赏那些色彩形象优异的产品，促生消费的欲望。色彩设计，能有效调动消费者的情绪变化，改变消费者对商品品质和品牌品位的态度，进而促进消费决策。

所以说，时装、彩妆、汽车、家电、家具、家用纺织品、室内外空间规划、海报广告、电影视频、移动平台等诸多设计领域和形形色色的视觉载体，甚至是公众集会、群体活动，如"彩虹跑"[1]，都是色彩展现其设计创新价值的应用范畴（图1-7）。

[1] "彩虹跑"：rainbow run，缘起于2013年浙江省旅游节，借鉴印度"洒红节"的特色，用五谷的粉末按五种颜色相互抛撒，以达到视觉的冲击力，推广"健康生活、快乐跑步"的运动理念。

第二节 现代色彩研究方向

一、由自然性到符号性

世界上有两种来源不同的色彩：自然形成的色彩和人工制造的色彩。

大量来自于自然界的色彩缤纷多样。在自然条件下，有些色彩具有装饰感、有些色彩具有和谐感。在生存法则的作用下，有的颜色还产生了警戒性或者伪装性。例如，黄黑相间的毒蛇、黄蜂具有强烈的危险警示；而变色龙、枯叶蝶、北极熊等伪装性的色彩则具有混迹环境、自我保护的特点（图1–8）。

传统意义上的画家们，曾经努力地用各种颜料和复杂的调色技巧来呈现这些物象色彩的自然性。但是这样的努力常常是不够的，因为即使拥有再多的颜料、再娴熟的技巧，绘画大师们能够调配出来的色彩数量都远远达不到人类眼睛能够分辨的颜色数量。最终，就像法国拉斯科洞窟壁画、澳大利亚卡卡杜国家公园岩画（图1–9）、新疆巴里坤县八墙子岩画等人类早期艺术遗迹所展现的那样，人类在启蒙时期所面临的问题和做出的应对大体是一致的：所有对物象自然色彩的描绘，都会不可避免地被简化到有限的几个颜色。

人类开始集中精力研究怎样才能让有限度的色彩具有更多的象征意义。这些被简化和赋予特殊象征意义的色彩，就是符号性的色彩。

图1–8 保护色

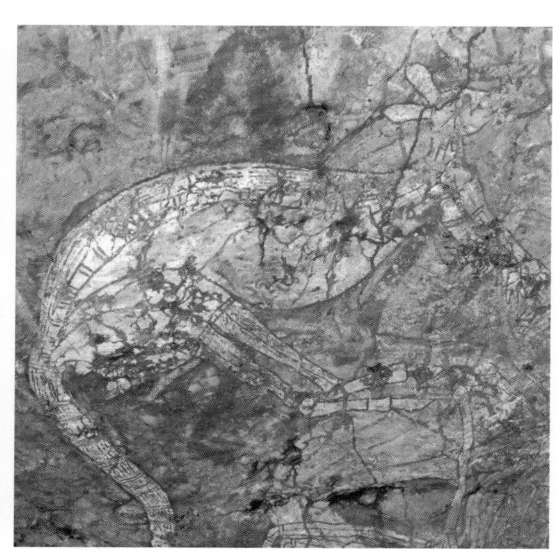

图1–9 澳大利亚卡卡杜国家公园的土著岩画

关注色彩的符号性，实际上是把我们表现色彩的方式由繁入简，做出必要的归纳。每一个被纯化、单一化的颜色，都代表了特定的含义。例如，惠山彩塑（图1–10）❶非遗传承人、青年艺术家周璐创新的作品《蝶梦》用色干净大方，既保留了传统用色鲜明强烈的特征，又减少用色，显得明快利落。其中，粉白、大红、玫红等色的符号性意义被强化，凸显了人物的气质和心情，出自传统又不落俗套。

图1–10 惠山彩塑泥人中的符号性配色

二、由再现性到表现性

使用写实性技巧可以把外在事物的细节颜色准确地还原，接近事物的本来色彩面貌（图1–11）。对于写实派大师来说，精湛的写实性技巧能够把客观色彩再现得比摄影照片还精细，与古典油画家的研究方向几乎别无二致，反而可能因其弱化了主观情绪的色彩表现而受到争议。

图1–11 笔者油画《珠穆朗玛的风》局部

中国传统绘画历来讲究“外师造化、中得心源”的理念，对内心感受的表现比自然描摹要更加热衷。如中国画家画竹子主要是表达精神理想，正所谓“怒写竹”，因而基本不会使用符合客观事实的绿色，而多使用黑色，甚至是朱砂红色。

现代色彩研究从几何抽象画派——荷兰艺术家蒙德里安的❷“方格子”开始，就已经表明：放弃客观色彩的再现

---

❶ 惠山彩塑：江苏无锡著名的传统工艺美术品，以其造型饱满简洁、色彩鲜艳洗练而蜚声中外，是中国传统民间艺术的优秀代表之一，2006年入选第一批国家非物质文化遗产名录。

❷ 蒙德里安：Piet Cornelies Mondrian（1872—1944），荷兰画家，风格派运动幕后艺术家和非具象绘画的创始者之一，提出“艺术应根本脱离自然的外在形式，以表现抽象精神为目的”，对后世的建筑、工业产品等设计的影响很大。

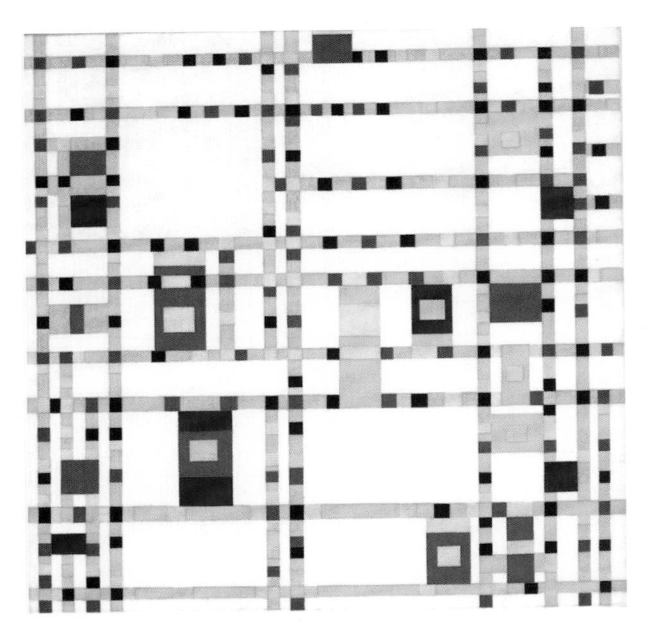

图1-12 蒙德里安油画《百老汇爵士乐》局部

图1-13 人体彩妆

是可行的（图1-12）。其后，抽象表现主义则彻底开启了色彩的主观表现空间。

简单地说，画家和设计师不需要把色彩再现得多么准确真实，只要发自内心、充分表达了自己的思想或情绪就好，只要有观众发自内心地喜欢就好。在现代形象设计中，常常可以看到与客观色彩不相符的“暴力”用色，如金色的皮肤、绿色的文身、蓝色或乌黑的唇色等，非常引人注目，客观真实的色彩反而会让人觉得乏味（图1-13）。

关注色彩对人主观感受的表现，实际上是艺术家和设计师观察色彩的指向呈现由外趋内的特点，即更多关注人生感悟、感情体验的表达以及观看者的情感共鸣。

三、由单一性到多样性

人工色彩是与自然色彩相对存在的。人工色彩，又分为手工创造和机器制造。工业化[1]以来，人类的制造能力急剧提升，形成了手工创造和机器制造这一对“经常互怼”的矛盾体。

在现代工业生产中，产品大多是被一批批制造出来的。要适合流水线生产，产品必须符合标准化要求，色彩也要尽量简单统一，进而形成“简单就是美”的审美习惯，所以大量的“单一”汇集到一起，又形成了“繁杂”。在很多小商品市场中，艳度夸张的工业品充斥其间，造成了色彩的廉价感，令观看者陷入审美疲劳（图1-14）。

比较而言，手工创造的色彩则要自由、人性化得多。因为创作者手工上色的不稳定，或者在绘制过程中有随时改变的可能，决定了每件手工制品的色彩

[1] 工业化：指现代化的核心内容，是传统农业社会向现代工业社会转变的过程。

图1-14 商品市场里的繁杂色彩

图1-15 手工上色的陶瓷盘

图1-16 机器生产结合手工的服饰品

即使是相似的也不会完全一样，具有独一无二的个性。就像这些在跳蚤市场出售的手绘产品，或艳或素，彼此差异很大，更加显得丰富。生动的色彩表现了生活的舒适与美妙，是自然色彩的有益延伸（图1-15）。

越来越多的消费者厌倦了工业化色彩的千篇一律，而全手工上色又受限于人力成本的上涨难以满足大众消费的需要。所以，“工业制造和手工加持”就成为一种流行的做法，在工业半成品上增加手工环节或手工部件，随机而变的手工技艺把工业品的色彩从一模一样变得新颖别致、个性鲜活。例如在常见的牛仔装、衬衫、T恤等量产产品上加一些局部的手工、仿手工装饰，色彩搭配仿佛染上了设计师的情绪和温度，穿着时既不会显得突兀也不会千篇一律、失去个性（图1-16）。

四、由静止性到动态性

万物都是运动的，静止是相对的。静止的色彩状态并不是色彩的真相。长久以来，我们习惯于观察静止的色彩，往往忽略它即使微弱却也无时无刻不在变化与运动。印象派[1]画家首先用颜料并置的方法得到色彩的跳跃、颤动效果。后印象派画家梵高（Vincent Willem van Gogh）借鉴了这种技巧，用非常细碎的色点，描绘出了银河的流动和星光的闪烁，反映出作者躁动不安的情感和与众不同的幻觉色彩（图1-17）。

图1-17 梵高油画《星空》局部

[1] 印象派：兴起于19世纪60年代，19世纪最后30年成为法国艺术的主流，影响深远。代表画家马奈、雷诺阿和莫奈等都把“光”和“色彩”作为绘画追求的主要目的，以迅速的手法把握瞬间的色彩印象，使画面呈现出新鲜生动的色彩感觉。

让色彩动起来，这是一个非常了不起的想法，这是研究色彩、应用色彩的新途径。今天，科技发展日新月异，新载体、新材料不断涌现，让色彩运动起来的方法越来越多。在这些新载体上，传统上二维、三维的色彩面貌被转换成了具有时间感和运动感的连续性色彩变化，例如在空间装置艺术中，计算机通过拾取参与者的运动信息，能够实现人机互动的变色游戏；在一场名为“时尚流动进化”（Mode In Flux）的展览上，设计师依靠LED节能光源和感应技术让时装的色彩运动起来，充满了未来感（图1–18）；形象设计师也可以突破用色认识上的局限，在眼影、唇彩、腮红等部位使用闪色化妆颜料，让模特的妆容色彩闪起来、动起来（图1–19）。

在未来，色彩设计师会越来越多地去关注色彩的动态效果，寻求新材料、新技术的支持，让运动的色彩、互动的色彩成为色彩艺术创新的新增长点。

图1–18 阿莎露（Azzaro）品牌的闪色服装

图1–19 闪色彩妆

第三节 怎样成为色彩设计的专业人士

一、建立色彩素材库

建立一个属于自己的色彩素材库，对创作者来说很重要。

“每当我看到配色不错的图片时，我会截图保存。当我需要寻求配色方案的时候，就会在图片库里寻求灵感。”它或者是电脑和手机里收集的色彩资料，或者是自己拍摄的色彩照片。

当然一些色彩素材的实物也很需要。即使你不可能做到像美国史密森学会标本储存室那么专业，也可以把一些好看的标本按照色彩分好类，装进一排透明的玻璃瓶，像收集幸运星一样，积少成多，创造出专属自己的“色彩素材库”（图1-20）。

二、激发信息探究热情

用兴趣激发对外界各种信息的探究热情。

各种直接的服饰、化妆、品牌专卖店自不必说，其他相关的艺术门类、艺术展览和生活中很多不起眼的物象，对于设计师来说，都是不可多得的色彩设计灵感源。

例如电影，虽然在各种艺术门类中它诞生较晚，却因为拥有综合的艺术手法和超级广泛的受众，被尊称为“第七艺术”。很多电影画面都是完美的配色范例，如《布达佩斯大饭店》（图1-21）、《少年派的奇幻漂流》《英雄》等，不妨再多看一遍，这一次不看情节只看它的画面色彩。

不知疲倦地观察色彩，拓宽色彩视野，积累用色经验，体会色彩创新带来的快乐！同时通过色彩设计实践验证，去体会身边各种色彩应用案例中把握色彩语言的成功之处和独到之处。

三、保持大脑运转灵活

保持大脑灵活运转，不要轻易否定“自己不喜欢的事物”，对创作者来说也很重要。

色彩不仅是色相环上的那些“专业”配色，也不是化妆盒里的那些流行搭配。这些选择都太少了，不能满足设计师对于色彩的专业需求。创作时，除了要有“彩色”的观念，还要有“无彩色”的观

图1-20 色彩素材库

图1-21 电影《布达佩斯大饭店》海报

念；除了要有“鲜艳色”的观念，还要有“有色灰”的观念，哪怕那些颜色对你没有任何吸引力。必要的时候，购买一套实体的专业色卡，用一种更加老派的方式，去揣摩色彩之间的微妙差异，对开发自己的色彩思维很有帮助。

四、关注色彩流行趋势

时刻关注色彩流行，才能在设计应用时把握时代的风尚度。

色彩流行过程有自发成分，又带有明显的商业推动，蕴含着极为重要的商业价值。流行色，是某个时期内很多人的共同爱好，人们为了得到时尚先锋的满足感，愿意付出高额的经济代价。一个颜色或者一种色彩搭配，哪怕曾经非常流行、非常受欢迎，只要过时了，即便是珍珠宝石也只能卖“白菜价”了。关注流行色热点、用流行色去尝试设计创新，能让你的色彩设计工作事半功倍，得到更多的认可和回报。

五、多与专业人士交流

在色彩研究领域，有很多造诣深厚、经验丰富的专家。参加色彩培训、加入线上的色彩社区，可以同行业精英、同道者一起探讨和学习色彩基础与应用经验。

小工具推荐：色彩拾取器Color Grab

手机上、电脑上有很多APP，是日常提高色彩捕捉、分析能力的好帮手。色彩拾取器Color Grab（图1-22）就是一款专门为色彩、图形设计人员研制的应用小程序。只要用摄像头拍摄一张照片，或者在手机里选择一张图片，点击几下，它就会识别出图片中主要色彩的比例以及某个色彩的色号。

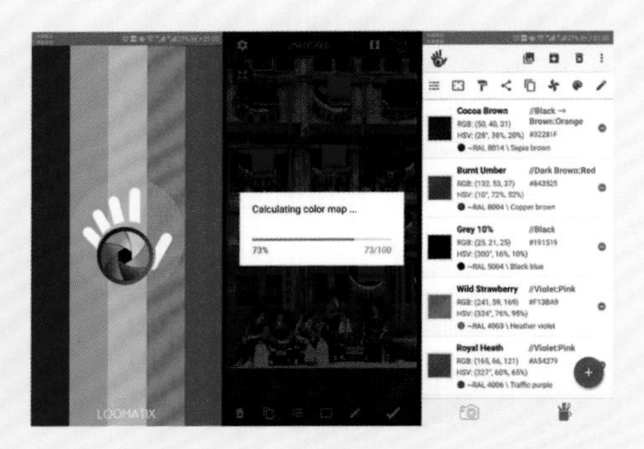

图1-22 Color Grab的起始页、色彩图谱分析过程和分析结果

本章作业：自拟课题建立“色彩灵感图”

1.具体要求

寻找一个感兴趣的色彩现象，通过网络、纸质的文献与图片进行调查，并在条件许可的情况下实施实地考察，把握其色彩特点，建立“色彩灵感图”一幅，如图1-23、图1-24所示。

第一，选择课题没有限制，争取得到一手调研素材，包括实物照片、画稿、文字资料、口述经验资料等，建议以当地或学生所在家乡的色彩文化现象为首选，便于后续实地考察走访。

第二，调研得到的素材要兼顾典型性和系统性，能够完整反映该色彩现象的真实状况，便于分类和统计，防止样本数量不足或明显不全面而得出不科学的结论。

第三，选择适合的素材，采用手绘和拼贴的形式进行色彩采集与归纳，建立“色彩灵感图”，包含标题、照片资料、色卡提炼以及必要的文字说明，培养色彩感知。

第四，“色彩灵感图”要具有明确的主题性和一定的视觉具象性，便于在交流讨论会上说明与答辩。尺寸为A3。

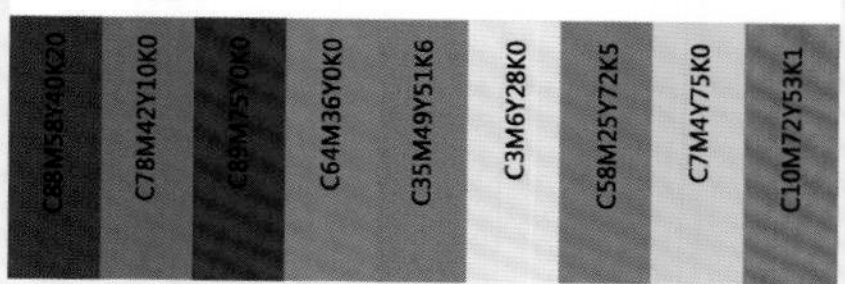

图1-23 旋子彩画色彩灵感图

图1-24 杨家埠年画色彩灵感图

2.近年学生自拟课题参考

（1）服饰与纺织技艺的色彩研究

①浅谈蟳埔女头饰的色彩文化（郭薇、刘佳祺等）

②剑河锡绣的色彩解析与应用（黄婉莹等）

③丝袜色彩的变化与发展（高平等）

④蟒袍艺术的色彩之美（黄晓璇等）

⑤缠足文化——弓鞋色彩绣花造型的研究（钱炜刚等）
⑥豫剧与京剧的服装配色比较——以《花木兰》第二场为例（牛豫等）
⑦湘绣和漳绣的用色对比研究（戴依淼等）
⑧浅析中国女性婚服用色（陈巧爱等）
⑨闽南布袋布偶盔帽的色彩演变研究（过欣怡）
⑩广州沙湾飘色艺术的色彩研究（魏应浩）
⑪民国海派旗袍的色彩演化（邹沁怡）
⑫浅析校服色彩的区别及影响——以广佛深初中校服为例（黄嘉玲等）

（2）非服装类工美项目的相关色彩研究

①漳州木版年画的色彩研究（喻晶晶）
②明末清初桃花坞年画色彩研究（喻映等）
③广州陈家祠灰塑色彩研究（杨诗宇等）
④故宫太和殿建筑色彩构成（郝詹思明等）
⑤哈尔滨历史性建筑色彩研究（孙然等）
⑥浅析广州西关地区满洲窗彩色玻璃艺术（张嘉丽等）
⑦紫砂壶彩釉工艺色彩研究（杨泽一等）
⑧博古画色彩研究——以瓷画为例（康冉等）
⑨广彩瓷色彩演变（吴晶等）
⑩浅谈泸州油纸伞色彩之美（蒲妍伊等）
⑪浅谈法贝热彩蛋的色彩美学（冯晨昕等）
⑫莳绘工艺的用色研究——以轮岛涂为例（段雨竹等）
⑬南狮狮头色彩解析（冯烁等）
⑭从脸谱色彩看三国人物——解读性格色彩（李淑嵘等）
⑮青岛地区面花的颜色（高小依等）
⑯茶叶包装设计的色彩应用（魏汉韬等）
⑰传统工艺下对苏式糕点的色彩认知与探究（陈芳露等）
⑱浅谈莫里斯纹样的色彩风格以及对当代艺术的影响（骆宁馨等）

（3）国内外流行现象的相关色彩研究

①人教版小学语文课本封面及插图色彩浅析（赖慧慧等）
②浅析20世纪60年代《花花公子》杂志封面色彩（祖雅妮等）
③浅析社会变迁对“老刀牌”烟盒色彩的影响（郝祥珍等）
④论色彩在篮球鞋中的运用及在美国球队文化中的体现（李宣宜等）
⑤中国摇滚唱片封面色彩分析（方俏等）
⑥简析歌剧中舞台色彩对情节的影响——以《歌剧魅影》为例（高天等）

⑦迪士尼公主形象色彩研究（李欣言等）

⑧探究少年动画与少女动画色彩对比与应用（黄毓麟等）

⑨《火影忍者》的配色规律（张皓峥等）

⑩漫威电影中的标志性色彩符号与传播美国文化的关系（杨文怡等）

⑪莫兰迪色彩初探（于清涵等）

⑫中国文化中的蓝绿色（刘洋等）

从学生的选题来看，题材所涉及的领域相当广泛，思维活跃，个性突出，他们所研究的色彩面貌也是精彩纷呈。对中国乡土色彩文化的探究及中外色彩文化的主动比较，有利于学生们“立足中国，服务民生”等健康设计观的培养。每次研究成果的演讲与交流，可以有效拓展学生的视野，激发大家研究色彩、进行后续服饰色彩设计的兴趣。

思考题

①看到红色，你会想到什么？

②为什么当代色彩应用设计中出现了机器制造和手工创造相结合的趋势？

③怎样才能学好服饰色彩设计？

④你的家乡有哪些特别的文化艺术现象具有特别的色彩效果？

02

第二章

认识色彩：色彩学原理

本章课程思政点

扎根乡土，比较地域色彩文化的特色，弘扬中国精神：文明和谐，诚信包容，民生幸福，爱国自信。

内容目标

本章主要介绍色彩的物理属性、心理属性和文化属性。旨在通过循序渐进的色彩认识过程，让同学们熟悉较为完整的色彩学基础理论，能够以它为工具，对色彩现象进行较为系统的和辩证的独立分析。

授课形式

课堂讲授，分组研究，交流点评

课时安排

16学时（总64学时）

第一节 色彩起源

一、牛顿色彩实验

人们大多对眼前出现的各种色彩习以为常，但我们到底是怎么看到这些色彩的呢？

对于色彩，中外科学先驱们早已开始关注。到1666年，物理学家伊萨克·牛顿（Isaac Newton）进行了一个关于光和色彩的著名实验：他将一个房间关得漆黑，让太阳光透过窗户上仅留出的一个小孔照射进来，白光被一个玻璃三棱镜分解成赤橙黄绿青蓝紫的七彩光带，很像一条彩虹（图2-1）。这个实验证明：白光并不像人们看到的那么单纯，恰恰相反，它是众多可见光的复杂集合。

图2-1 牛顿的三棱镜分光实验

自此，色彩科学向前迈进了一大步：人类逐渐掌握了色光的分解和聚合，色彩研究从感性经验走向了理性分析。

二、人对色彩的感知原理

牛顿实验之后，不断涌现的科研成果进一步告诉人们：色彩是以色光为主体的客观存在。在物理学上，色光是电磁波的一种，主要来自于太阳的辐射能，具有不同的电磁波波长。能够被人眼感知到的色光，其电磁波波长在380～780毫微米（nm），这个范围的光被称为可见光。

色彩对于人来说则是一种视像感觉。产生这种视像感觉仅靠光还不行，还需要另外两个关键因素的介入：一是人的视觉器官眼睛；二是对色光具有反射能力的物体。光、眼、物三者之间的科学关系，是展开色彩实践研究的理论依据。

如图2-2所示，不同波长的可见光投射到苹果上，大部分的光被苹果吸收了，只有波长为700毫微米左右的红色光被苹果表面反射出来，进入人的眼睛，经过视神经传递到大脑，形成了人对物体色彩信息的感知——这个苹果是

图2-2 人对苹果红色的感知

图2-3 红色固有色

图2-4 莫奈油画《干草堆》局部

红色的。

三、固有色

各种物体表面都会选择性地吸收、反射或透射可见光，这种特性造成了物体具有各不相同的色彩。人们习惯把白色阳光下物体呈现的色彩效果，称为物体的“固有色”。

如果一个物体几乎能反射阳光中所有波长的色光，那么这个物体的固有色就是白色。反之，如果它吸收所有的色光，那么就是黑色。如果一块布料只反射红光，而吸收了其他各种波长的光，就可以说这一块布料的固有色是红色（图2–3）。

四、光源色

问题来了，这块红布在不同颜色的光照下并不是一直呈现红色，这说明物体的色彩面貌并不仅仅取决于它的固有色。

通常人们把能够自行发光的物体称为光源。不管是自然光源太阳，还是各种人造光源，如白炽灯、荧光灯、烛光、LED灯等，它们发出的光所具有的色彩，都称为光源色。

光源本身是有色彩的，自然光下的明媚阳光（温暖的直射光）和昏暗天色（阴冷的反射光），以及人造光源都会把光源的色彩叠加到物体的固有色上去，不同程度地改变固有色的本来面貌。

一个经典的例子，是法国印象派画家莫奈[1]在1890年前后画的10余幅《干草堆》，表现了同一物象在不同的时间、不同的光源色条件下，极为微妙的色彩差别（图2–4）。

五、环境色

还有一种光也会影响到物体的固有色，这就是物体周围其他邻近物体反射过来的色光，称为环境色。

---

[1] 莫奈：Claude Monet（1840—1926），法国印象派绘画大师，擅长光与影的实验和表现技法。他所创立的印象派理论和大量实践，既是19世纪自然主义倾向的巅峰，也可以看作是现代艺术的起点。

环境色，实际上是一种方向散乱的光干扰。一般来说，光滑的物体表面和物体的暗部对环境色的干扰反映明显。如图2-5所示，在法国油画家夏尔丹（Chardin）的这幅18世纪的作品中，陶瓷水壶拥有光滑的表面，它的受光面和暗面都受到了周围环境中的水果以及暗灰的墙面光的反射影响。如果把这个陶瓷水壶想象成一个女生的脸，把周围的水果想象成色彩斑斓的丝巾，那么，这种近距离的色光映衬一定会以环境色的形式影响到女生脸部的妆容色彩。

环境色的影响，多半是比较微弱的，在服装配色时也常常被忽略。但是有的设计师在创作时会特意放大环境色的影响。据报道，2017年英国服装设计师劳伦·鲍克（Lauren Bowker）推出过一组移动变色的服饰，原理源于服饰材料的表面涂覆了一种感应化合物，可根据周围环境的污染程度、气压、温度的变化而改变服装的色彩外观，是一种时尚与科技相结合的高科技产物。

六、色彩恒常性

人们对色彩的感知，还有一种奇特的现象叫作色彩恒常性，就是说不管光源色、环境色如何改变，人的视觉系统始终维持对物体固有色的认知。这主要是因为人们在观察物象色彩时，会自动地把之前积累的色彩经验介入到感知中。

一旦设计师强行去打破这种比较稳定的色彩恒常性，将会发生有趣的改变，如紫色的唇膏、蓝色的皮肤，都是采用了这个原理。例如，美国艺术家安迪·沃霍尔（Andy Warhol）在1986年创作的版画《玛丽莲·梦露》（图2-6）就挑战了肤色的恒常性，触发了波普艺术潮流的大爆发。

图2-5 夏尔丹油画《静物》局部

图2-6 安迪·沃霍尔版画《玛丽莲·梦露》

第二节 原色、间色与复色

一、颜料三原色与减法混合

17世纪，与牛顿同时代的英国科学家布鲁斯特（Brewster）发现，虽然色彩世界变化万千，但是有些规律却不能被打破。利用红、黄、蓝三种颜料，可以混合出橙、绿、青、紫四种颜料，还可以混合出其他更多色彩的颜料，但是其他颜料不能混合出红、黄、蓝颜料。

因此，我们把颜料中不能再被分解的红、黄、蓝，称为颜料三原色[1]（CMY），又称为“第一次色”。三原色最纯净、最鲜艳，具有其他混合色所没有的艳度，是色彩设计中最有独立性的色彩，它们是一切颜色中的母色。

一般而言，红色和黄色混合后是橙色，黄色和青色混合后是绿色，红色和青色混合后是紫色，其他颜色都可以由红色、黄色、青色颜料按照不同比例相加而调制出来（图2-7）。两种以上的颜料原色混合，越调越暗，纯度大大降低，这种混合因此被称为“减法混合”。

图2-7 颜料三原色

图2-8 颜料三原色混合成灰浊色

从理论上讲，颜料三原色可以调配出其他任何色彩，同时相加得到最暗的黑色，但实际上并做不到，只会得到一种污浊的深灰色（图2-8）。所以，在使用颜料、染料、油墨来进行混合调色

---

[1] 颜料三原色：在印刷行业里，颜料中的蓝、黄、红准确地说应该称青色（Cyan）、品红色（Magenta）、黄色（Yellow），取其英文单词首字母就是“CMY”，加上代表黑色的“K”，这四个基本颜色合起来称为“CMYK”。例如，具有大胆热情、华丽娇艳气质的胭脂红（Carmine），它的CMYK值标示为“C：0 M：100 Y：60 K：10”。

时，还需要用单独的黑色来保证色彩能够还原出比较准确的黑白明暗关系。

二、色光三原色与加法混合

与颜料三原色相对应的，还有色光三原色：红、绿、蓝，取其英文单词首字母就是“RGB”。手机屏幕、电脑显示器、电视屏幕就是利用色光三原色来表现各种颜色的。

绿色光和蓝色光混在一起就是青色光；红色光和蓝色光混在一起就是洋红色光；红色光和绿色光混在一起就是黄色光，其他各种色光都是由红、绿、蓝光按不同份额相加而成，三色光同时相加得到最明亮的白光（图2-9）。用色光混合会使色彩越加越亮，被称为“加法混合”。

习惯于使用传统材料进行创作的艺术家、设计师通常更熟悉颜料形式的色彩，通过色彩物质如颜料、墨水、染料去影响对象表面色彩，因而熟练运用颜料三原色（减法混合）的人比较多，对色光三原色（加法混合）常常了解不足。

随着光学被引入传统艺术创作领域之内，新媒体艺术和跨界艺术渐渐模糊了艺术门类的边界，并大大扩展了色彩表现的载体。自发光材料、透光材料的研发以及数码艺术、色光影像等光影艺术、虚拟艺术形式的普及，都对当代艺术家和色彩设计师提出了新的要求——必须掌握色光三原色的色彩模式。

以时尚界兴起的三维立体全息投影技术为例，利用干涉和衍射原理记录并再现物体真实的三维图像，具有逼真的现场感和强烈的光影纵深，还可以通过互动系统与人交流，产生全新的光色体验。如图2-10所示，中国香港跨媒体文化人胡恩威和他的团队采用数字虚拟技术，根据形状、颜色以及中国传统服饰和戏曲动作创造出“虚拟演员”，完成了对中国戏曲的演绎，令人惊叹不已。

图2-9 色光三原色

图2-10 色光对未来服装设计的影响

三、中性混合

色彩设计中还有一种基于人的视觉生理特征所产生的色彩混合形式，称为中性混合。

中性混合常常由两种或两种以上微小色点并置、重复，得到混色效果（图2-11），也可以由色点、色块连续地快速交替或旋转来得到。色彩的明暗程度接近于各色点的平均值，所以被称为中性混合。

在色彩构成原理中，中性混合常常被称为“色彩空间混合”。因为色点、色块、色线足够小或者交替足够快，人的眼睛无法准确地分辨出它的本来色彩相貌从而产生了视觉上的混合。这一现象在以色点排列为特征的针织、刺绣、珠片装饰等服装设计语汇中时常能看到，如黑白两色的纤维纺成纱线，可以织造出麻灰纱效果（图2-12）。在现代装置艺术中，如果两个LED光源发出快速交替色光，快到眼睛无法单独分辨时，也会产生混色效果。

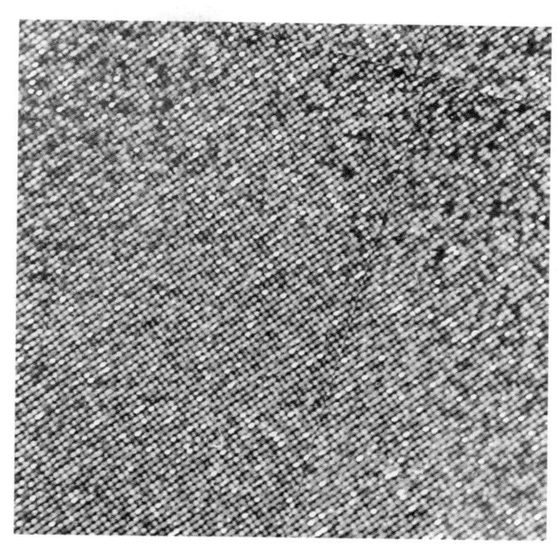
图2-11　中性混合

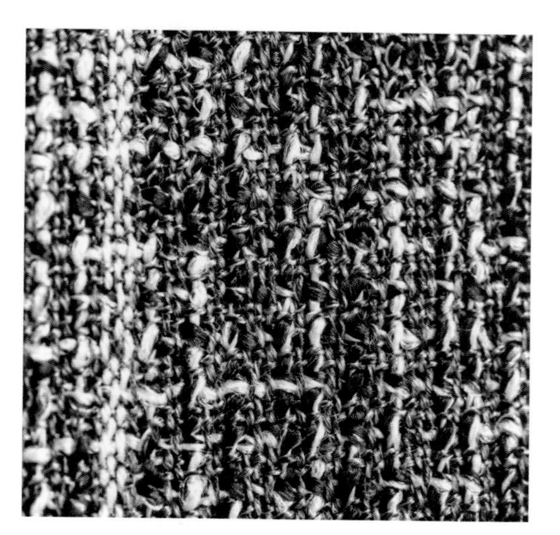
图2-12　麻灰纱效果的面料设计

四、叠色混合

透明和半透明的材质相互重叠时，会形成叠色混合（图2-13）。这些材质包括水彩颜料、彩色玻璃、各种塑料膜等。服饰色彩设计中经常会使用一些较薄的纺织品材料来进行叠色混合。

透明和半透明的材质是有颜色的，说明它透过了一些色光并反射了一些色光。当两种以上的透明、半透明材料重叠以后，如同减法混合中色料的直接混合一样，每相叠一次被吸收的光线会多一些、反射回来的光线就越少一些，叠加得越来越厚、颜色也越来越暗浊并越来越不透明。

色彩设计中也偶然可见用不透明材料改变图形交叠部分的颜色，模拟“透明叠色混合”

图2-13　叠色混合

图2-14 模拟“透明叠色混合”效果

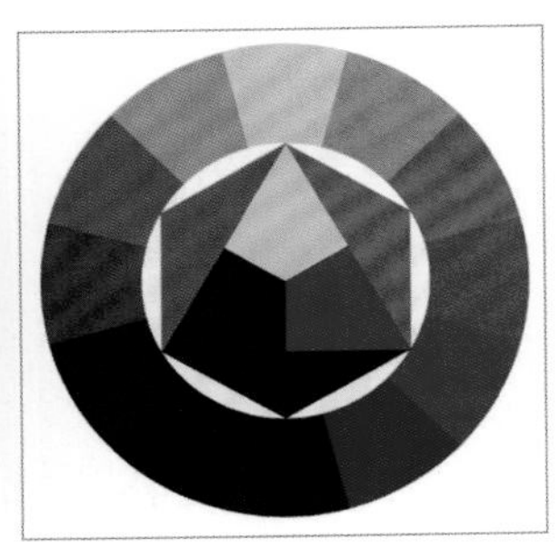

图2-15 伊顿十二色色相环

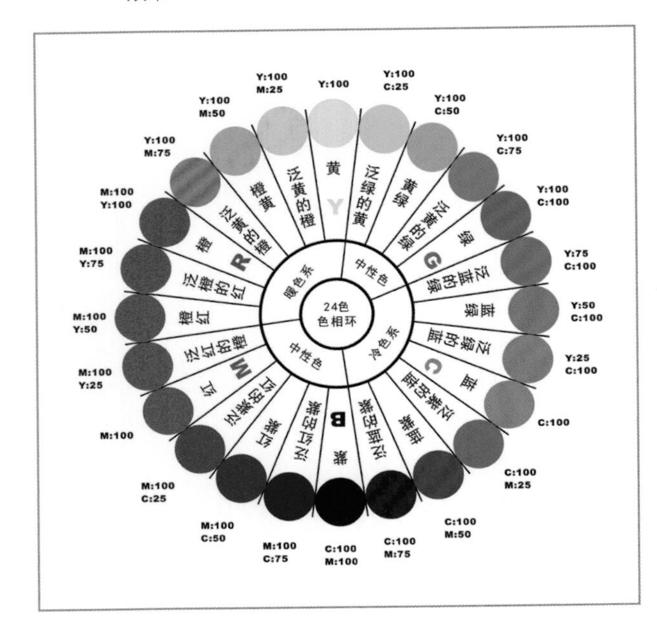

图2-16 日本PCCS二十四色色相环

的效果（图2-14），颇有趣味。

五、三间色与间色变化

间色，是红、黄、绿三原色当中任意两个以1∶1的比例混合而成的新颜色，也称为“第二次色”。颜料三原色两两相混，间色也只有三种：

红＋黄＝橙

黄＋蓝＝绿

红＋蓝＝紫

如果在分量上控制两个原色的比例多少，就可以产生丰富的间色变化，如橙红色、橙黄色、蓝绿色、黄绿色、蓝紫色、红紫色等。

这时，需要再次强调“色相”的概念：色相是指色彩的相貌和名称。如红色、黄色、蓝紫色等都说的是色相。

把三原色、三间色排列成环状，中间用间色变化来过渡连接，就形成了色相环。由可见光谱而来的原始的色相环，是连续的颜色过渡，是没有明显界限的。为了便于大家理解和分析，研究者对连续过渡色相环进行了阶段状的色彩归并，形成了色阶。色相环一般有十二色色相环（图2-15）、二十四色色相环（图2-16）或者更多，就是人们经常看到的那样。

从伊顿[1]十二色色相环中看到，原色最为鲜明醒目。间色和间色变化比三原色要柔和一些，但还是保留了三原色的大部分性格脾气，搭配起来显得比较明朗有力。比较而言，十二色色相环看起来简明一些，二十四色色相环则更为细致。

色相环是学习、使用色彩的基础工具，在色相环上人们可以观察到不同色相之间的关系，如同种色、邻近色、类似色、中差色、对比色和互补色等。其中，橙、绿、紫色分别和三原色中的蓝色、红色、黄色形成最强对比——互补关系。

---

[1] 约翰内斯·伊顿：Johannes Itten（1888—1967），瑞士著名色彩学家，其著作《色彩论》首次提出了“伊顿十二色色相环”。它的设计特色是以三原色做基础色相，位置独立，区分清楚，排列有序。伊顿的色彩理论对后世影响很大。

六、复色

复色，是用两个间色或三个原色按照不同比例相混合而产生出来的新颜色，也称为“第三次色”“复合色”。

复色中包含了所有的三原色成分，只是比重有不同，形成了红灰、黄灰、绿灰、蓝灰、紫灰等丰富的有色灰调家族。

每一个复色，都有三原色的介入，所以复色也可以理解为在原色或间色中，加入一个由三原色混合而成的暗浊色，所以复色的纯度会低于原色和间色。复色的这一特点，可以将它自己与丰富的间色变化区别开来。

推而广之，我们可以把复色理解为色相环上的原色、间色和间色变化，加入黑白灰后形成的复合色。如图2-17所示，最鲜艳的一圈是标准色相环，向内圈收缩时加入了亮灰色或白色，向外圈扩张时加入了深灰色或黑色，形成了不同明度深浅的复色，也构成了色彩纯度的全面表达。

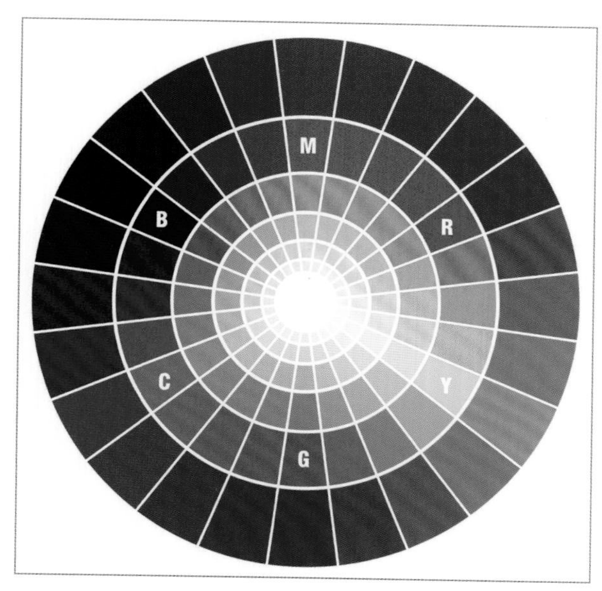

图2-17 复色色相环

七、色彩的基因图谱

每一个间色和间色变化都有自己的原色基因属性，它是由哪两个原色混合而成？彼此的比例是多少？这个关系就是它的“基因图谱”。复色的基因图谱更加复杂一些，包含了三原色和黑白灰以及彼此的比例关系。

色彩调和、被混入其他的颜色之后，它的基因图谱就会发生相应的改变，它的性格也会变得更加微妙。色彩设计师要细心感受和分析一个经过几次混合的复色，拥有哪些原色与黑白灰的基因，而相互间又大致是什么样的比例关系。如图2-18所示，蒂凡尼蓝（Tiffany Blue）是一种

图2-18 蒂凡尼蓝的基因图谱

国际知名的时尚色彩，拥有专门的潘通色号——1837。这种类似于知更鸟蛋的蓝绿色，清新雅致，如果从基因上说，它拥有明显的蓝和少量的黄，红色极其微弱，并伴随较多的白。

第三节 色相搭配

一、同种色配色

以色相为主的配色，一般按照两个颜色在色相环上的位置所形成的角度来区分，这里借用钟表的时针和分针来模拟说明。

色相环上夹角5° 左右的两个颜色被命名为“同种色”。在PCCS二十四色色相环上，每两个色相之间的夹角是15° ，在5° 夹角范围内几乎就是同一种颜色，没有色相差别。但5° 夹角的两个色彩也是有差异的，如果用连续过渡色相环来演示就好理解了（图2–19）。

二、类似色配色

在色相环上形成30° 夹角的两个颜色被命名为“类似色”（图2–20）。如黄和黄绿、红（品红）和红紫、紫和蓝紫、蓝绿和绿等的配色。

从面料配色设计范例中可以看到：同种色搭配与类似色搭配，因为相似因素较多，变化非常细腻，效果统一、天然协调，所以创作时反而需要拉开并突出明度、纯度的对比，否则容易显得单调（图2–21、图2–22）。

三、邻近色配色

在色相环上形成60° 夹角的两个颜色被命名为“邻近色”（图2–23）。如红（品红）和橙、黄和绿、绿和蓝、泛黄的橙和泛红的橙等。

四、中差色配色

在色相环上形成90° 夹角的两个

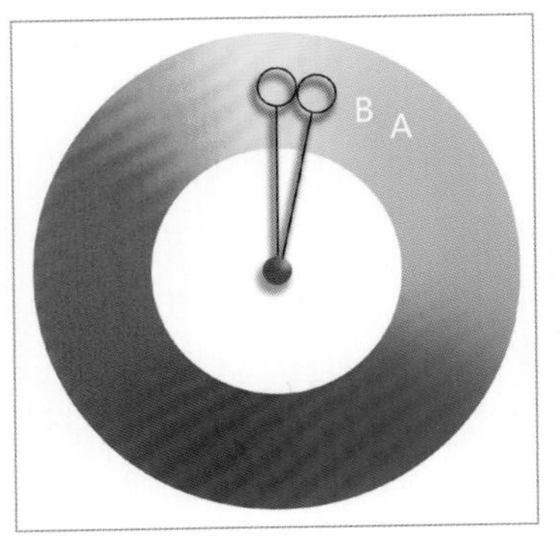

图2–19 同种色在色相环上的位置关系

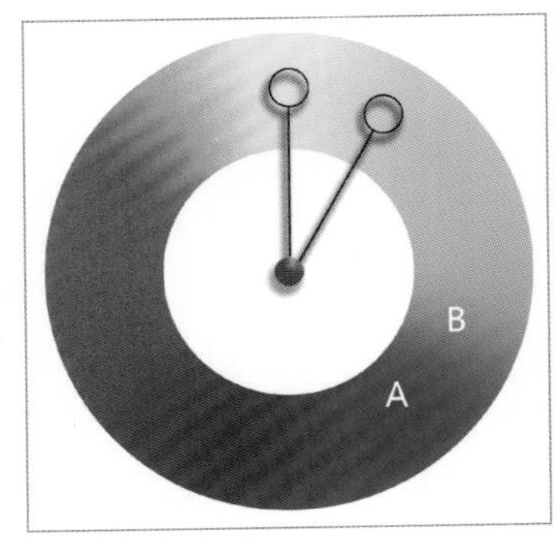

图2–20 类似色在色相环上的位置关系

图2–21 同种色面料配色

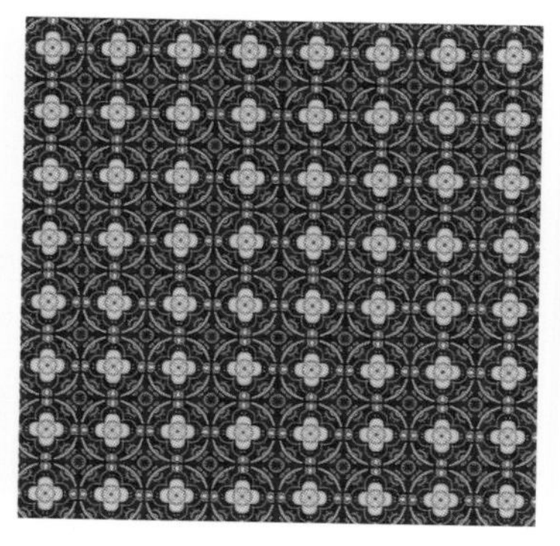

图2-22 类似色面料配色

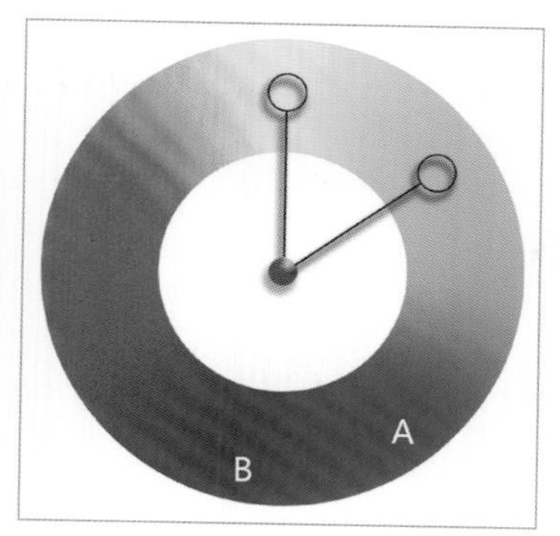

图2-23 邻近色在色相环上的位置关系

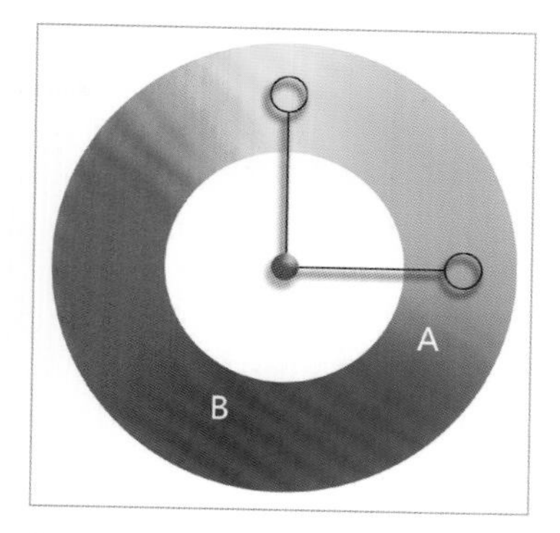

图2-24 中差色在色相环上的位置关系

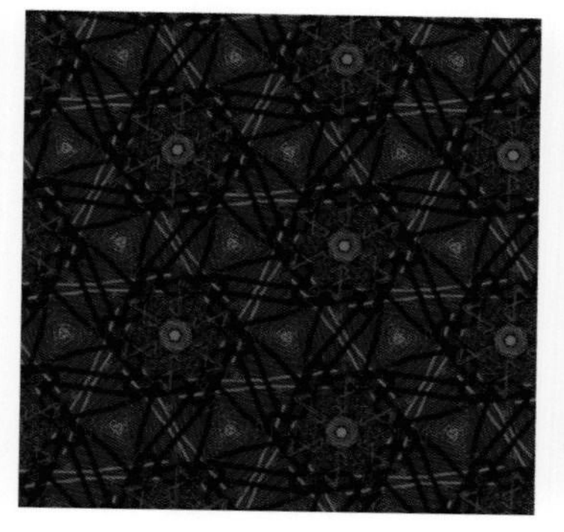

图2-25 邻近色面料配色

图2-26 中差色面料配色

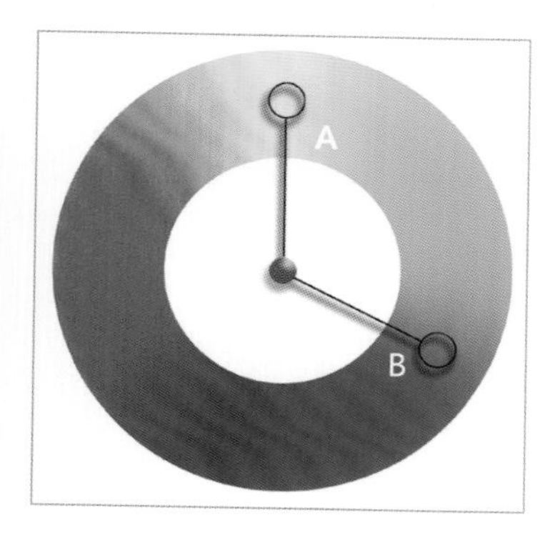

图2-27 对比色在色相环上的位置关系

颜色被命名为“中差色”（图2-24）。如红（品红）和橙黄、橙黄和绿、泛黄的绿和泛紫的蓝等。

从面料配色设计范例中可以看到：邻近色搭配和中差色搭配，色相之间含有一定的共同要素，但是相差比较明显，所以整体设计显得活泼饱满，富有朝气，统一和谐，可以直接搭配使用；如果注意适当拉大明度、纯度差会更好（图2-25、图2-26）。

五、对比色配色

在色相环上形成120°夹角以及更大夹角的两个颜色称为“对比色”（图2-27）。如红（品红）和黄、黄和蓝、橙和绿、橙和紫等。

六、互补色配色

最极端的是处于色相环直径两端180°位置的两个颜色，称为“互补色”（图2-28）。如红（品红）和绿、蓝和橙、泛橙的红和泛绿的蓝等。

从面料配色设计范例中可以看到：对比色搭配和互补色搭配，色相差非常明显，对比效果强烈，具有鲜明、华丽、夸张的特点，容易产生配色冲突。配色时要注意统一元素的加强和一系列技巧的使用，才能达到色彩和谐（图2-29、图2-30）。

总之，两色在色相环上夹角越小，色彩的共性、相似性就越大；反之，两色夹角越大，色彩的对比性越强，调和

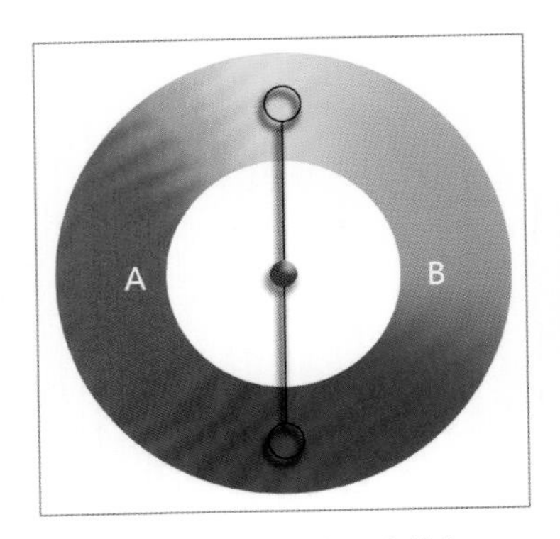

图2-28 互补色在色相环上的位置关系

图2-29 对比色面料配色

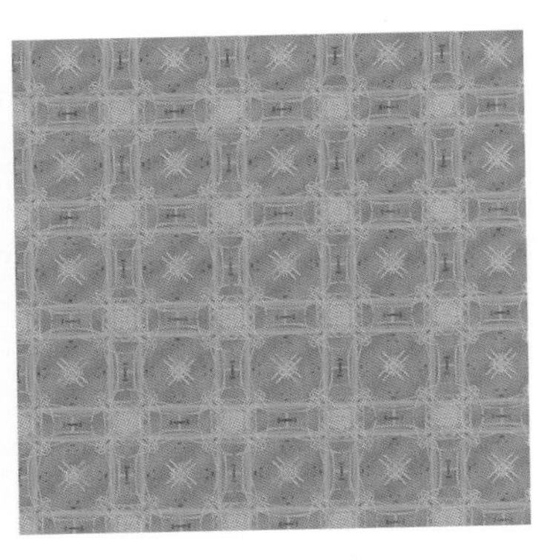
图2-30 互补色面料配色

性越弱。

连续过渡色相环上的色彩变化非常细腻。作为一名色彩设计师，必须能够敏锐地感觉到色彩之间的共同性和差异性，才能准确判断它们之间的关系，为后续色彩调和工作做好准备。

第四节 色彩命名法

面对成千上万种纷繁芜杂的颜色，一定会产生一个疑问：虽然这样的颜色命名很直观也很生动，但是并不准确。人们会忍不住怀疑："我说的'铁锈红'和你说的'铁锈红'是同一个颜色吗？"

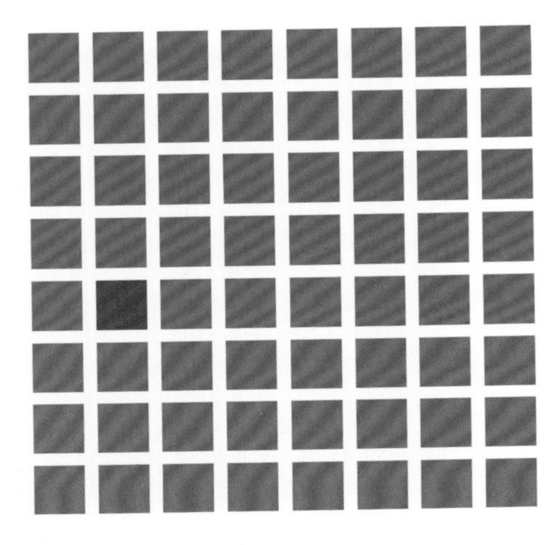
图2-31 辨色小游戏

在网络上有过这样的小游戏：在一群色块中迅速找出一块不一样的颜色（图2-31）。很多朋友觉得这太难分辨了。是的，人们一直在寻找方法，可以准确地分辨和描述那些差别细微的色彩，便于判断和沟通，这就涉及色彩的命名。

一、色彩自然命名法

首先，人们会试着用各种自然物象来命名色彩，叫作"色彩自然命名法"。

有用自然景色来命名的，如天蓝、海蓝、土黄；有用金属矿物质来命名的，如金黄、铁灰、银白；有用植物来命名的，如草绿、茜草红、栗色；也有用动物来命名的，如鼠灰、鹦哥绿，等等。在图2-32中，这种美丽曼妙的蓝色被命名为"孔雀蓝"。其中，最直接的命名是来自日常生活的，如酱色、肉色、咸菜色、砖红、咖啡色……

此外，还有人用染料和原料名来命名色彩，如靛青、甲基红等；用加工工艺来命名色彩，如头绿、二绿、三绿等。

二、色彩系统命名法

根据色彩三要素，在某个色相前加上明度和纯度的形容词，叫作“色彩系统命名法”。

最多见的一种就是用深浅、明暗、浓淡、轻重、艳浊等口语化的形容词加上色相名，如鲜红、亮橙、淡紫、暗绿、艳蓝等。

第二种是基于明度和纯度的色味+色相，如极淡黄味红、明灰黄味红等。

第三种是明度形容词+色相+中性灰，如明亮的黄灰、中性的绿灰、深紫灰等。

系统命名法，比色彩自然命名法要精确，但是依据这些形容词，人们还是很难在色卡上找出对应最准确的色彩。

为了可以对色彩进行统一的表达、传递、再现，需要用覆盖更全面、区别更精准的方法来表示颜色：色彩数值化，这样就可以像度量长度和重量一样，精确地命名颜色。

三、色立体命名法

首先，色彩学家依托色彩物理的研究进展，把色相、明度、纯度界定为色彩的三要素。

1. 色相

色相是指色彩的相貌名称，英文名是Hue，简称H，是区分色彩的主要依据（图2-33），我们之前已经使用过色相环来认识色彩了。对于色彩搭配来说，色相的重要性要高于其他两个因素。

2. 纯度

纯度又叫彩度、艳度或饱和度，指色彩的鲜艳程度或者含灰量的多少，英文名是Chroma，简称C。色彩含灰量越小，

图2-32 采用色彩自然命名法的孔雀蓝

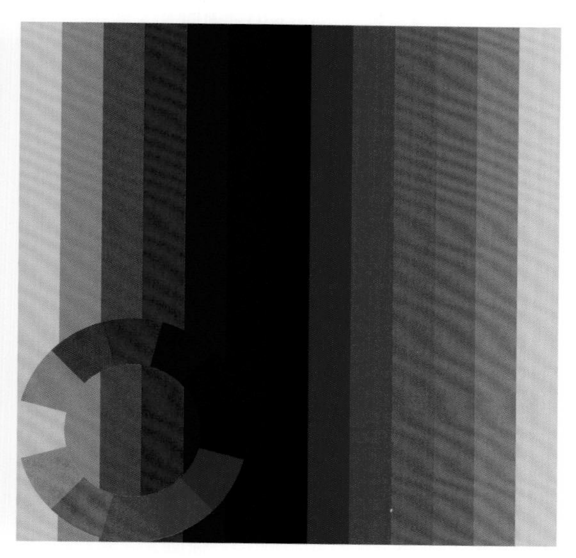

图2-33 色相差异

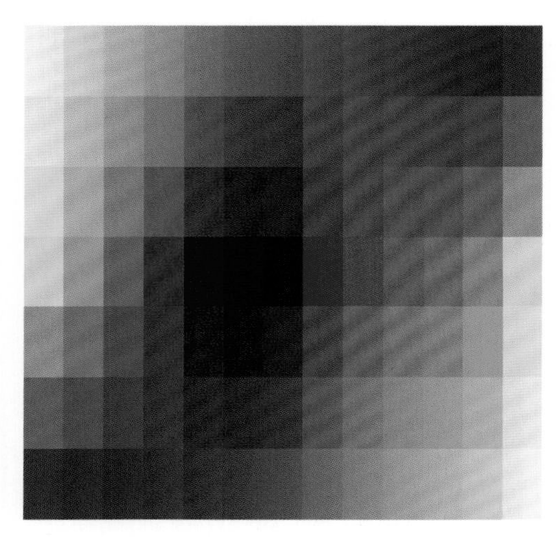

图2-34 纯度差异

图2-35 明度差异

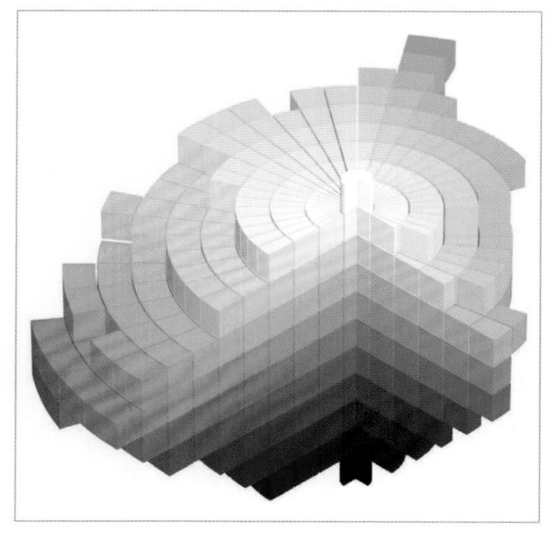

图2-36 色立体结构框架图

纯度越高；含灰量越大，纯度就越低（图2-34）。不同色相所能达到的纯度也是不同的，其中红色纯度最高，绿色纯度相对低些，其余的色彩介于红绿两者之间。

3. 明度

明度是指色彩的明暗差别，英文名是Value，简称V。明度包括以下两方面特点。

一是指同一色相的深浅变化，如无彩色系中白色最亮，黑色最暗；又如粉红、大红、深红，都是红，但明度上由低到高。

二是指不同色相之间存在的明度差别，如在色相环上黄色最明亮，紫色最暗，越靠近黄色越明亮，越靠近紫色越深暗；橙色和绿色、红色和蓝色的明度比较接近。明度的反差度越大色彩效果越鲜明，明度的反差度越小，给人的感觉会显得模糊、薄弱（图2-35）。

然后，色彩学家根据色彩的三要素特性，把千变万化的色彩放在三维立体当中，形成了规律的排列，这就是色立体[1]（图2-36）。

在色立体中，色彩的色相、明度和纯度形成了有秩序的系统。简单地说，第一步，建立一根中心轴，上端是白色，下端是黑色，表明色彩的明度从最高到最低。第二步，把红、橙、黄、绿、青、蓝、紫等色相按照色相环排列，当作水平横切面，围绕在中心轴周围。第三步，色相环上的原色、间色和间色变化，逐渐向中

---

[1] 色立体：常见的色立体包括美国教育家、色彩学家孟塞尔（Munsell）创造的“孟塞尔色立体”、德国色彩学家奥斯特瓦尔德（Ostwald）创造的“奥斯特瓦尔德色立体”、国际照明委员会CIE制定的Lab颜色空间、日本色彩研究所制定的PCCS（Practical Color Coordinate System）色彩组织系统、瑞典色彩专家制定的NCS（Natural Colour System）自然色彩系统、中国纺织信息中心制定的CNCS色彩体系，等等。

心轴靠拢，含灰量越来越大，纯度越来越低，越靠近中心轴就越接近灰色，形成“艳—灰”的纯度推移。最后一步，将这个带纯度的色相环沿着中心轴向两端推移，向上越来越浅，接近于白色，形成高明度、低纯度的有色灰；向下越来越深，接近于黑色，形成低明度、低纯度的有色灰。

每个从中心轴出发的纵断面，色相是一致的，叫作等色相面；每个和色相环平行的横断面上，明度是接近的；每个围绕中心轴的同心圆柱上，纯度是一致的。

四、有彩色与无彩色

在色立体上，我们可以清楚地看到有彩色和无彩色的区别。

有彩色包括可见光谱中的全部彩色，它以红、黄、蓝等原色和橙、绿、紫等间色作为基本色。基本色之间的混合、基本色与黑白灰之间的混合所产生的有色灰，都属于有彩色系，所以有彩色都具有色相、明度和纯度三大属性。

无彩色是指黑色、白色以及由黑、白两色混合而成的各种深浅的灰色，通俗说就是“黑白电影、黑白照片”。无彩色只有明度上的变化，而不具备色相与纯度的性质，也就是说它们在色立体上的色相值和纯度值在理论上等于零。

显而易见，在服装服饰色彩与形象色彩设计时，我们可以做有彩色之间的搭配和无彩色之间的各自搭配，也可以做有彩色与无彩色之间的交叉搭配，各有性格。如图2-37所示，从左到右依次是有彩色配色，显得浓郁丰富；无彩色配色，显得纯粹简练；有彩色与无彩色混搭配色，显得明快生动。

无彩色与任何一种有彩色搭配都很容易获得统一协调的效果，烘托出有彩色的纯度和色相特征，会给人比原来的颜色更稳健或更强烈的印象，所以很受欢迎。生活中白、黑或灰色加上彩色主题的服装服饰配色是非常常见的。

图2-37 有彩色配色、无彩色配色、有彩色与无彩色混搭配色

第五节 色彩的心理属性

一、主要色相的心理联想

如果问一个问题：幸福是什么颜色的？你会怎么回答呢？虽然因为人生的阅历和当时的心境差别，一些人会给出不同的答案。但是相信大部分人会认同：走在这样一条七彩路上心情一定十分愉悦（图2-38）。

从一个颜色出发，可以联想到各种不同的具象事物，这些联想大部分是不带感情色彩的中性印象；然而，当这些具象事物与个人和群体的情感、经验、价值观相联系，就具有了约定俗成的象征含义，或褒扬或贬损，会对人产生积极的或消极的情绪影响。

从心理学的角度说，人们对于色彩的心理感知，主要与每个人不同的生活经历相关联，是时间和文化的积淀。婴

图2-38 幸福的色彩

童的纯真、青年的活跃、中年的沉稳和老年的通达，都会在色彩偏好上表达出来。色彩的“性格”差异，归根到底是文化的差异，是文化背景下集体潜意识的表现。

尽管很多时候，色彩设计师是需要勇气去打破用色常规，去创造性地使用颜色，但是那些合乎大众联想和经验的色彩心理，是必须被尊重的。

下面我们将这些色彩一个一个进行分解，看看它们都有什么样的性格和内涵。

1.红色的心理属性

红色，是三原色之一，是全世界的语言中最古老的颜色命名。

中性印象

红色让人们联想到草莓、西红柿，也会联想到火焰、血液。现代生活中的甩卖、股市上涨等现象也常见红色。

积极印象

红色看起来像是火焰，火焰可以驱走黑暗和寒冷，让人们感到光明、温暖；也是因为红色具有鲜血和生命力的象征，它逐渐成为代表所有“正面生命情感”的主导颜色。从苏州桃花坞年画代表作《一团和气》中可以发现，红色在中国民间常用来表现对于美好生活的企盼（图2-39）。用红色祝福美好的婚姻，用红色护佑自己和儿孙的康健。本命年时用红色祈福护身，过年时用红色抵御邪恶。

在古代，不同文化中都不约而同地把红色当成是男性的颜色，因为红色像太阳和火焰，可以赋予人神奇的力量——健壮、强势与进攻性，让人充满敬畏。在古代的斯巴达，勇士们身披红色披风冲向敌人，可以掩盖受伤和流血，彰显勇猛和无所畏惧的气概。法国画家大卫（Jacques-Louis David）在1800～1801年创作的画作《跨越阿尔卑斯山圣伯纳隘道的拿破仑》中，为了突出当时法国领袖拿破仑的英雄气概，理所当然地采用了红色的披风战袍（图2-40）。红色直到19世纪末依然是常用的军服颜色。

图2-39 红色的欢喜祥和

图2-40 红色的勇武强势

红色在中国还有一个广为人知的革命意义，红旗由革命志士的鲜血染成，象征光明、凝聚力量和引领未来，一再地出现在近现代历史影像中。在当代的重要庆典场合，如国庆游行、上海世博会、春晚等，主办方还是会首选红色来作为视觉策划的主导色，更容易得到民众的认可。

消极印象

生理学研究表明，红色可以令人血压升高、心情烦躁，因而也容易让人们联想到冲动、愤怒、恐怖、残忍、丧失理智等负面情绪，带有野蛮、暴力等内在意义的暗示。

红色，意味着危险和禁止。如中国古代刽子手的衣服常采用红色或红黑搭配，西方很多高等法官穿着红色的大袍。在今天，红色还经常作为交通警示标志，火警的标志和消防车也都是红色的。

此外，令人血液沸腾的情绪大都与红色密切相关，如西班牙斗牛士用红布去挑逗公牛。在涉及“性”的概念中，红色代表不道德。

时尚印象

值得关注的是，增加了大量白色的红色，称为粉红色，被彻底改变了性格。它关联着樱花、鳕鱼籽、火烈鸟等物象，具有温柔、年轻、可爱、甜蜜的少女特质，适合少女服装服饰以及肌肤化妆品形象的用色，如Hello Kitty、芭比娃娃等；有时也会产生幼稚、软弱、不安定、坏心眼、下流等消极的印象。另外，说起时尚之红，人们很容易想到闻名全球的“法拉利红”（图2-41），

图2-41　时尚之红：法拉利红

作为世界驰名的意大利超跑品牌，法拉利一直以红色为经典。当这一抹耀眼的时尚之红越来越多地出现在风驰电掣的赛道和最高领奖台上时，自然就成为消费者的崇拜之色。

2. 黄色的心理属性

黄色，三原色之一，是色相环上明度最高的色彩。

中性印象

黄色让人们联想到柠檬、香蕉、玉米、菠萝、向日葵、小鸡等自然物象，也会联想到咖喱、炸薯片、爆米花等快餐食品。黄色是阳光的颜色，代表了太阳神，赫里奥斯、阿波罗、所罗门的颜色都是明朗的黄色。

积极印象

黄色因为明亮，容易让人们联想到年轻、跃动，以及开朗、快乐、希望、成熟，甚至是尊贵等正面的精神体验。

明亮的黄色有时也被称为“小鸡黄”“小鸭黄”，满满的娇嫩、可爱和呆萌，是各国孩子和童心未泯的成年人都特别喜爱的颜色。如著名的卡通形象大黄鸭、小黄人等，得到了很多年轻消费者的追捧。

黄色也是成熟和收获的标志，秋天庄稼成熟时，田野变得一片金黄。人们兴高采烈，庆祝丰收。名画《向日葵》是荷兰画家梵高在阳光明媚的法国南部所作，他用简练的笔法表现出了黄色的律动感和生命力（图2-42）。

在从古至今的中国乃至东亚文化中，黄色都是一种很重要的颜色，因为它具有独特的象征意义。黄色源自主要的国家资源——土地。在五行观念中，黄色代表的“土”，有滋养子民、繁衍不息的自然力量，今天的中国人还自称为“炎黄子孙”。在漫长的封建社会里，黄色象征着皇帝的尊严和权力：黄色是专为皇帝使用的颜色（图2-43），而普

图2-42 黄色的明亮率真

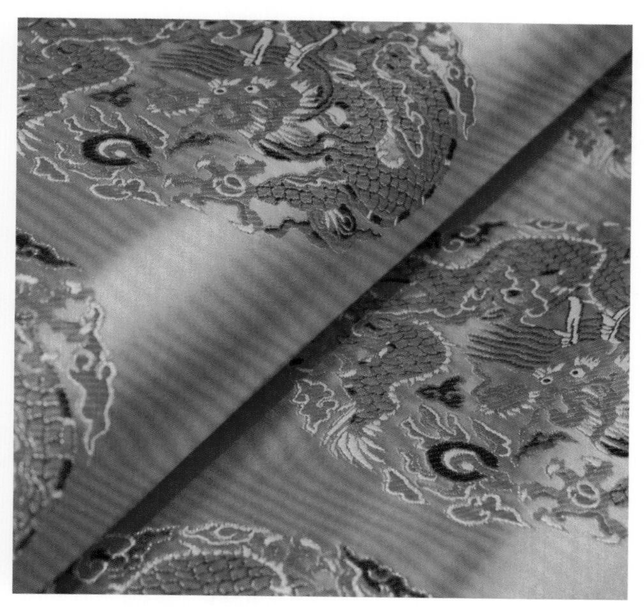

图2-43 黄色的尊严权威

通老百姓是禁止穿黄色衣服的。

消极印象

黄色的消极印象偏多。柠檬黄让人们联想到清凉而苦涩的口感，也会产生幼稚、嘈杂、不安等负面情绪，甚至联想到动摇、不道德、背叛、潜在危险等印象。在邦多纳（Giotto di Bondone）的油画《犹大之吻》中，穿着黄色袍子的犹大是耶稣的门徒（图2-44），他为了蝇头小利出卖了道德，这个宗教故事在西方影响深远。在生活中，黄色还经常和淫秽、猜忌、吝啬、阴险等令人不快的心理感受相关联，奢侈品牌古驰（Gucci）还推出了一款黄色的香水，命名为“妒忌”（ENVY）。

黄色非常明亮，和黑色搭配具有很好的视认性。而且自然界中黄黑相间的动物几乎都对人有很大的危险性。所以，黄黑搭配是非常醒目的警示用色。

时尚印象

说起时尚之黄，日本艺术家草间弥生（Yayoi Kusama）的黄色南瓜作品非常热门，鲜黄醒目，有阳光一般的性情，充满了生命的喜悦，同时又暗示着互相矛盾的意义（图2-45）。有多家时尚品牌和她联合出品了时尚服装服饰。

3. 蓝色的心理属性

蓝色，三原色之一，是一个老少咸宜的“大众情人式”色彩。

中性印象

蓝色让人们联想到海洋、天空、蓝色星球，也会联想到冰、雨滴、深海鱼类等。

蓝色因天空、大海的幽远而给人以乌托邦式的感觉。水和冰虽然不是蓝色的，但是因为反射天空的蓝色，就有了“深水蓝”“蓝冰”的说法（图2-46）。

积极印象

蓝色让人们联想诚实、理性、有知识、有涵养，甚至是值得信赖、睿智、安全等正面精神体验。

蓝色是重金属的颜色，坚实耐久，所以在欧洲，蓝色很受尊崇。英国已故王妃戴安娜（Diana Spencer）在订婚时戴的就是一枚镶嵌蓝宝石的戒指，现在威廉（William Arthur Philip Louis）王子又把它送给了妻子凯特（Kate Middleton），这种“皇家蓝”代表着尊贵和坚贞。

图2-44 黄色的虚伪狡诈——穿黄色袍子的犹大

图2-45 时尚之黄：草间弥生的黄色波点

图2-46 纯净幽远的蓝冰

蓝色也被称为男性色，象征着冷静和理智。如果女性身穿蓝色，会显得睿智、专业和男性化。电影《铁娘子》（*The Iron Lady*）中的女主角撒切尔夫人一身蓝装，配上蓝白点的领巾，干练又不失优雅，很好地还原了英国“政坛铁娘子”的神采。

蓝色也是一个舒缓紧张、放松自我的颜色（图2–47）。在欧美，“blue hour”是指下班后的放松时间；蓝调，加上蓝色的酒店招牌、蓝色的鸡尾酒、蓝色的气氛灯光，令人陶醉和惬意。

图2–47 蓝色的舒缓放松

图2–48 蓝色的随意质朴

在中国“民族三染”中，蓝印花布、蜡染与扎染的主调都是蓝色，深受老百姓喜爱；欧美国家则把牛仔蓝看成是非常平民化的颜色（图2–48）。直至今天，许多企业里的工人制服还是选用蓝色，具有朴实专注、耐脏耐洗的优点。

消极印象

在自然界中有空气的存在，远方景色会显得偏蓝，看起来有退避的感觉。蓝色，就像冰美人一样冷淡、高傲，不容易亲近。

空阔的距离感，让人感觉寂寞，而寂寞的人多半是忧郁的。英文单词蓝色（blue）同时具有“沮丧的，忧郁的，下流的”意思，说明蓝色容易让人们联想到忧伤、孤独、自闭。

毕加索（Pablo Picasso）在1905年24岁时创作了《拿烟斗的男孩》（图2–49）。面对这个一身蓝衣蓝裤的少年，观看者能真切地感受到他内心的落寞和困惑。

图2–49 蓝色的忧郁落寞

时尚印象

由于其沉稳的特性，所以蓝色还具有理智、准确的意象。在商业设计中，特别是一些强调科技、精度、效率的商品或企业形象，大多选用蓝色当标准色、企业色。蓝色给人的科技感（图2–50），使它成为被广泛追逐的时尚之蓝。

图2–50 时尚之蓝：科技蓝

4.橙色的心理属性

橙色，三间色之一，非常年轻的颜色。

中性印象

橙色由等量的红色和黄色混合而成；而不等量的红黄两色相混，会产生偏红味的橙色和偏黄味的橙色。橙色首先让人们联想到橘子、南瓜、胡萝卜等自然物象，其次也会令人联想到火、暖炉、夕阳、救生衣、工具等日常景物。法国画家保罗·塞尚（Paul Cézanne）的油画《苹果和橘子》通过橙色展现了收获的丰饶（图2-51）。

积极印象

橙色的积极性，表现在开朗、活力、健康、亲切等乐观的体验，而且很直白、不加掩饰，与年轻人的性格非常契合。

首先，橙色是光和热的组合，蕴含着高能量，比红色更明朗和更有亲和力，可令人的精神和身体产生愉悦感。在英国画家弗雷德里克·莱顿（Frederic Leighton）的作品《炽热的六月》中，明快的橙色格外年轻、亮眼，充溢着生命的乐趣。

其次，橙色时尚感、炫动感十足，经常出现在针对年轻人的广告画面中，吸引年轻人的目光，如橙汁饮料、炸鸡、户外运动服装、音乐手机、公益广告等。橙色的万圣节大南瓜，不是邪恶和危险的象征，反而是快乐和热烈的意思（图2-52）。

最后，在很多人看来，橙色中还透露着浓郁的异国情调。在欧洲如果看到橙色，首先会想到的是荷兰，因为橙色是荷兰王室的色彩[1]，深受王室和大众

图2-51 橙色的丰饶喜悦

图2-52 橙色的活力炫动

[1] 荷兰王室代表色彩：荷兰王室的名字是奥兰治-拿骚王室，其字面意思是橙色。国王节是荷兰每年的4月27日为庆祝皇家生日而举行的全国性节日。当天，当地人和众多游客穿着橙色服饰、举着橙色旗帜，聚集在阿姆斯特丹以及荷兰其他各个城市的街头，沉浸在橙色的海洋里狂欢。

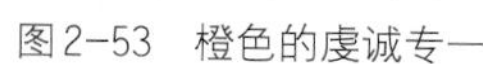

图2-53 橙色的虔诚专一

图2-54 橙色的警告提示

的欢迎。而在东南亚佛教中，橙色也是代表色彩，象征着彻悟，是最高级的完美状态（图2-53）；印度的橙色服装也有类似的含义，是放弃外部世界和承诺追随佛陀的标志。

消极印象

橙色有时也会让人们联想到混杂、便宜、警惕，产生奢华、傲慢、任性等不良印象。从螺丝刀手柄、榨汁器到公用垃圾桶，因为它们大多是塑料质地的批量化产品，售价便宜，所以有廉价的即视感。

有欧美学者认为，在欧洲文化中，橙色总是处于从属的地位。单看橙色似乎不容易理解这个说法，但是和它的互补色——蓝色相比，橙色立刻显得比较浅薄、浮夸和毫无心机。

此外，修路工人、保洁员的服装大多是橙色的，比较显眼。工业机械、水上救生设施也常常使用它作为标准色，会联想到危险、警示的意义（图2-54）。

图2-55 时尚之橙：荷兰男足队服

时尚印象

谈到时尚之橙——当然是橙衣军团。在国际足坛，荷兰男足被称为橙衣军团，他们的比赛服和球迷的服装都是橙色的。在绿茵场上，鲜亮的橙色格外醒目，激情四溢，执着追梦，几十年来掀起了一波又一波的足球热浪（图2-55）。

5.绿色的心理属性

绿色，三间色之一，是一个非常中性、平和的颜色。

中性印象

绿色由等量的蓝色和黄色混合而成；而不等量的蓝、黄两色相混，会产生偏蓝味的绿色（冷绿色）或偏黄味的绿色（暖绿色）。

绿色让人们联想到新鲜的蔬菜、青蛙，也会联想到公园、草原、森林。19世纪俄国风景画家列维坦（Levitan, Isaak Iliich）的作品《寂静的修道院》为人们记录下重重叠叠的不同绿色，表达了艺术大师对自然的眷恋（图2-56）。

积极印象

绿色的积极，表现在年轻、自然，也会使人联想到健康、安稳、和平、理性等正面情感。

绿色是生命与希望的颜色，这个象征意义来自于绿色植物到了秋冬，从绿变黄到变红，直到枯萎变黑的过程。到了春天又会重新发芽，欣欣向荣，周而复始。

绿色是新鲜的，代表着青涩与年轻，德国诗人、哲学家席勒（Friedrich Von Schiller）曾经用“我们的相识尚处于绿色阶段”，来描绘一段朦胧、羞涩的爱情。

中性的绿色使人平和、镇静。进入手术室，绿色的医护工作服和绿色的墙面会让病人感到安全，消除焦躁和紧张感。

在政治意义中，绿色代表共和、自由、安全，如国际性的环保组织“绿色和平组织”（Greenpeace）（图2-57）；在爱尔兰❶，绿色既代表信仰天主教的爱尔兰人，也象征爱尔兰的绿色宝岛，广受民众欢迎。

此外，绿色在户外可以起到保护色的作用，所以各国军队通常都使用绿色制服。在中国，“国防绿”更因为军民融洽的情感使它具有了忠诚、勇敢、可

图2-56　绿色的自然寂静

图2-57　绿色的和平信仰

❶ 每年3月17日的圣帕特里克节（St. Patrick's Day），是为了纪念爱尔兰守护神圣帕特里克，如今已成为爱尔兰的国庆节。其传统颜色为绿色，代表物象是绿色酢浆草和绿衣老矮人。

靠和男子汉气魄的神圣感。

消极印象

绿色有时也会让人们联想到不成熟、被动和保守，甚至产生剧毒、邪恶、严重污染的感觉。

绿色是传统中毒药的颜色，奇怪的是淡绿色的抹茶食品大家都能接受，但是绿色尤其是艳绿色的饮料常常被人排斥。

此外，艳绿色的动物看起来也很危险（图2-58）。而且在欧洲和中国的传说中，很多魔鬼的皮肤或眼睛都是绿色的。如果在艺术彩绘时，人体皮肤沾染了绿色，心理上会感到恐惧。

时尚印象

在服装设计中，成熟时尚的军绿色已经是一种经久不衰、高度普及的大众流行色。设计师王薇薇曾使用深沉而简约的军绿色，辅以硬朗而狂野的廓型，凸显了女性自强、率真的个性（图2-59）。

6.紫色的心理属性

紫色，三间色之一，是有着复杂感觉的颜色。

中性印象

紫色由等量的蓝色和红色混合而成；而不等量的蓝、红两色相混，则产生偏红味的紫色（紫罗兰色）或偏蓝味的紫色（青莲色）。自然界中常见的紫色有成熟的紫葡萄、紫甘蓝、紫茄子等，也会和一些花卉关联，如紫罗兰、紫丁香、紫藤花等。

积极印象

紫色的优点，表现在高贵、神秘、浪漫（图2-60），也会联想到传统、成熟、优雅等。

图2-58 绿色的邪恶危险

图2-59 时尚之绿：军旅风

图2-60 紫色的高贵神秘

古代的紫色天然染料比较少，自然而然就成为稀有、高贵的代名词。在古代中国、埃及、罗马帝国、拜占庭帝国，紫色都是长期为皇家或宗教专用，代表着权威、虔诚和信仰。日本皇室也非常推崇紫色，2005年纪宫公主的“告期之仪”（宣布婚期的仪式）上，公主和女性贵宾们穿着的紫色和服显得雍容华贵、优雅稳重。如果紫色和金色相搭配，更显得贵气逼人。

纯正的紫色，明度接近于黑色，但比黑色有活力，又比其他有彩色深沉典雅。反之，如果提高紫色的明亮度，形成淡紫色，会减弱紫色的贵族气息，给人的感觉也变成为甜蜜、俏丽的浪漫气质（图2-61）。

变化莫测的紫色，是中国五大名窑之一河南钧窑所产钧瓷[1]的代表性特征，古人曾用“夕阳紫翠忽成岚”的诗句来形容钧瓷釉色之美。图2-62所示为钧瓷名家任星航的作品葫芦瓶。

消极印象

紫色的心理属性也有不少负面的成分，如傲慢、妒忌、迷惑，有时还会有疯狂、奢侈和无节制的倾向。

提尔紫（Tyrian Purple），从一种产自地中海地区的“染料骨螺”中提取，工艺十分复杂，染料产量极低，所以紫色理所当然成为“众色之王”，代表着古代地中海文明的贵族身份。在今天，英语紫色中还有华美堆砌、帝位皇权的意思。

图2-61　紫色的俏丽浪漫

图2-62　紫色的雍容典雅

[1] 钧瓷：钧瓷釉色瑰丽多姿，以紫色为主，有玫瑰紫、海棠红、茄皮紫、葡萄紫等多种变化。民间有“纵有家财万贯，不如钧瓷一片”的说法，说明了它的紫色具有无与伦比的历史意义和美学价值。

紫色也是一种代表混合情感的颜色，结合了感性与理智、热情与放弃，甚至是迷惑和不忠诚。在挪威画家爱德华·蒙克（Edvard Munch）1893年的作品《呐喊》中，我们看到背景中的紫色充满了神经质的兴奋与惶恐（图2-63）。

时尚印象

紫色往往是时尚的代名词。2018年，粉紫薰衣草和紫外光两个不同艳度的紫色同时出现在潘通2018春夏流行色（PANTONE2018SS）的流行前沿（图2-64）。但是，紫色很少真正成为流行热点，因为很多人觉得穿艳紫色过于招摇、冒险，不容易搭配。

7.黑色的心理属性

黑色，无彩色，像暗夜一样，是最为深沉、包容度最大的颜色。

中性印象

生活中，黑色常常与雨伞、钢笔、相机、钢琴、轮胎、西装等工业风格的现代事物联系在一起（图2-65）。

在一堆体积一样、颜色不同的盒子中，黑色的看起来比别的盒子都要重，所以说黑色给人收缩、致密、沉重的感觉。

积极印象

黑色的优点，表现在厚实、有力、

图2-63 紫色的奢侈和神经质

图2-64 时尚之紫：潘通2018SS流行色

图2-65 黑色的深沉厚重

图2-66 黑色的优雅成熟

图2-67 黑色的潮酷反叛

图2-68 黑色的抑郁恐怖

男性化的方面，也会有高级、富有格调、都市化和特立独行的感觉。

虽然时代在变，但黑色以其厚重与经典的气质一直都受到大众的欢迎，如在老爷车的欣赏品味中，保守的黑色是最普遍且重要的颜色。

法国时尚大师迪奥（Christian Dior）曾经说过，优雅的时装要求放弃豪华、放弃招摇，如果是黑色，放弃的还有色彩。放弃艳色，就能使豪华的物品展露其本身的时尚、大气。如黑色的男装、礼帽、钢笔、眼镜、皮鞋，都透露出浓浓的绅士派头。所以黑色是一种保险的颜色，即使是性感妖娆的蕾丝材质，也能被黑色调理得成熟优雅（图2-66）。

黑色相较于其他杂色干扰的材料，如清澈的玻璃和磨砂亚光的金属，更容易使人感觉到品质优异、科技领先。

作为与众不同的颜色，黑色服装、服饰和黑色妆容、文身等，在那些希望远离主流价值观、展示不羁个性的人群当中非常流行，如摇滚、朋克的音乐人以及暗黑系动漫玩家等（图2-67）；另一方面，黑色也保护着现代人在社会交往中的独立自尊。当你不知道选择什么颜色的服装去会见朋友时，黑色多半是不错的选择，它能帮你隐藏很多尴尬和不恰当。

消极印象

除此以外，黑色也有很多不好的暗示。例如，死亡、恐怖、邪恶、不吉、压抑、悲伤（图2-68）。

黑色代表结束，宛如“没有未来、没有希望的永久的沉默”。黑色是世界上公认的丧礼服用色。

黑色给人僵硬、棱角分明、肮脏和卑鄙的印象。例如，心肠黑、腹黑……以及黑色的猫、黑色的乌鸦都会令人感到邪恶。黑色使人内心压抑，这是一种忧郁的颜色，象征着封闭抗拒的负面情绪：针对自身多于针对他人。当一个人把一切东西都描绘成黑色，或者在其眼前只有黑色，表明这是一个内心复杂、难以沟通的人。

时尚印象

可可·香奈儿在20世纪30年代设计了一款黑色短裙，为女士创造了前所未有的性别存在感，形成了时尚专有名词“小黑裙”(The Little Black Dress)，至今流行热度不减(图2-69)。

图2-69 时尚之黑：小黑裙

8. 白色的心理属性

白色，无彩色，像黑色一样，也是一种包容度很大的颜色。

中性印象

大多数人不仅喜欢牛奶、奶油和润肤乳的乳白色、砂糖和稻米的莹白色，也喜欢棉质服装、婴儿用品的微微带点米色的本白色，不管哪种白都有纯净和柔和的特点。

图2-70 白色的简洁纯粹

积极印象

白色的优点，表现在简洁、纯净、专注，也会有神圣、理想化的感觉。

白色看起来什么都没有，又似乎什么都包含在里面(图2-70)。一张宣纸“轻似蝉翼白如雪”，经过水墨的“勾皴染点”，留下大量空白，这就是国画的“留白”。留白留出了想象的空间，包含了“最简洁即为最丰富”的艺术观。而西方现代设计“less is more”的设计哲学，与中国主张留白的纯粹美学异曲同工、如出一辙。

另外，白色是代表专注的颜色，如宇航服(图2-71)，是专业化和职业化的标志。医护人员、公司职员、音乐家和指挥家等都

图2-71 白色的严谨专注

图2-72　白色的纯净文雅

图2-73　嗜好白色的玛丽莲·梦露

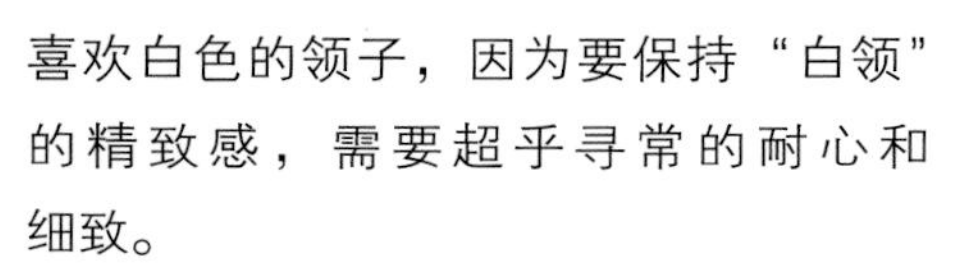

喜欢白色的领子，因为要保持“白领”的精致感，需要超乎寻常的耐心和细致。

白色的公牛在欧洲是宙斯的化身，在亚洲的印度也是神灵的象征，还有圣灵的天使、天鹅和鸽子都是白色的。意大利画家波提切利（Sandro Botticelli）在传世名画《春》中，让三美神都穿上了自带光芒的白色，显现出最圣洁的完美主义效果。

生活中，白色的旗袍、白色的婚纱、白衣飘飘的年代象征着纯净、文雅和完美主义，已经被东西方文化圈广泛接受（图2-72、图2-73）。

消极印象

理想化的白色几近完美，但是也有些时候会略显哀伤、空虚、冷漠和阴险。

在中国戏曲中，化装成白脸的多半是奸邪、薄情或者刚愎自用的反派角色。而戏剧中的白脸，还分为水白脸和油白脸：水白脸代表奸诈多谋，如曹操、严嵩等；油白脸代表狂妄骄纵，如项羽、马谡等。

在东西方，白色用作丧礼服[1]的色彩是比较普遍的，带有哀恸、孤独的情感。在中国文化中，白色是血液流尽、失去生命的意思，五行中的白虎主宰杀神，若不幸有了“白事”，要穿白色孝服、设白色灵堂、吃“豆腐饭”，出殡时打白幡、撇“白钱”。但是，与常用的黑色丧礼服不同，黑色象征结束；而白色象征开始，所以，一般将七十岁以上老人的善终又称为“白喜事”。

---

[1] 白色丧礼服：白色具有为往生者超度、祝福其进入新空间的意思。美国影星玛丽莲·梦露追求完美，嗜好白色，她要求死后在一切都是白色的环境中下葬，最终如愿以偿。

时尚印象

从时尚角度看，在18世纪欧洲新古典主义时期，很多人认为越是五彩缤纷，越是粗俗；只有朴素、纯净、经典、庄严的白色，才是古典希腊式纯粹美感的表现。时尚之白的审美观点深入人心，至今都是很多人的穿着圭臬（图2–74）。

图2–74 时尚之白：古典与庄严

9.灰色的心理属性

灰色，无彩色，不稳定的颜色，仿佛是白色受到了污染，或者是黑色的力量受到了破坏。世界上很多遭受污染的城市、河流都显得灰暗、凝重，失去了鲜明的色彩属性（图2–75）。

图2–75 灰色的混沌凝重

中性印象

纯白和纯黑混合后会得到浑浊的灰色。艳色与白色、黑色或灰色混合后，也会变灰、变浑浊。有了黑白灰无彩色的加入，原本活泼、炽烈的高纯度色相就有了含蓄、细腻的“心思”，色立体上原先显得平面的色彩构架也立体了起来。

积极印象

灰色没有有彩色的张扬炫目，也没有黑色和白色的清晰肯定。与这些颜色在一起，灰色永远是含蓄和内敛的，反而显得高级。

信奉佛教的僧人和居士，部分会选择“僧衣灰”作为常服色彩（图2–76），自愿放弃有彩色，显得低调谦恭。与僧衣灰一样，书画俱佳的宋代皇族遗胄赵孟頫常在绘画作品中表现丰富的灰色层次，充满高雅淡泊的文人气质，也是他逃避世俗、克制欲

图2–76 灰色的含蓄内敛

望的个人心境写照。

宋元时期这种含蓄脱俗的艺术风格与审美品味对后世的艺术发展影响很大，把它看作现代“极简主义风格”的源头并不为过：排除掉彩色的灰色搭配，足以表达细腻丰富的层次变化（图2–77）。

消极印象

灰色的含混与微弱，常常给人郁闷、平庸、不忠诚的不良感觉。

在生物学上，灰色是衰老且持续的默默痛苦的表现（图2–78）。德国大文豪歌德（Johann Wolfgang von Goethe）曾在作品《浮士德》中把忧虑、缺陷、过失和困苦比喻为四个“灰色的女人”。这种负面情绪，很容易感染到那些性格自闭的人，哪怕是阴雨天、灰蒙蒙的雾或灰色的铁桥都会加重他们的忧郁情绪。

和深蓝色一样，灰色比较耐脏，社会体力劳作者和监狱服刑人员常常穿着灰色，气场微弱，看起来平庸廉价，有时会不讨人喜欢（图2–79）。

另外，在法律意义上，灰色也是有着特殊的负面含义：灰色区域指间于许可和惩戒之间的不明确的领域；灰色市场、灰色收入，是谎言、吝啬、不忠诚的意思。

时尚印象

从时尚角度看，工业革命重新给现代服装定调，男装逐步抛弃繁琐的装饰和繁杂的色彩，简约儒雅的灰色成为典型的男西服色彩，并影响到女装（图2–80）。

灰色比黑色清爽和温柔，比白色多了点内敛和层次。这种审美在时装界支持者很多，不管是单独使用还是搭配有彩色，都会很受欢迎，是近年来热度持续上升的北欧简约风格设计以及由来已久的“中性风”“性冷淡风”用色的法则。

图2–77　灰色的细腻丰富

图2–78　灰色的忧郁无力

图2-79 灰色的平庸廉价

图2-80 时尚之灰：儒雅的男装常用色

10.褐色的心理属性

褐色，是三原色与黑白灰混合之后产生的典型的复合色，是这些鲜明色彩的平均化。

中性印象

生活中褐色的事物普遍存在：秋天的树叶、土地、皮革、亚麻、实木家具、茶水、咖啡、巧克力，等等。于是，褐色就有了许许多多的别称，如砂石色、柚木色、亚麻色、茶色、咖啡色、巧克力色……褐色具有的心理属性，也多与这些物象有关。

褐色是棉麻、木材、皮革、纸张等常见材料未经漂白染色的天然本色，凸显出“环保、安全、体贴”的理念，与人亲密接触时感观比较舒适，不至于过冷也不至于过热（图2-81）。

图2-81 褐色的醇厚温暖

积极印象

首先，有人曾经把褐色比作“牛奶加咖啡”，很巧妙。把牛奶加入咖啡，会调制出丰富的褐色系列（图2-82）。其中，牛奶和咖啡的比例，决定了这个褐色变化的“性格”。例如：

图2-82 褐色的自然柔和

米色（浅褐色）代表淳朴，安定，自然；

驼色（中褐色）代表雅致，柔和，温暖；

栗色（深褐色）代表低调，沉稳，醇厚

……

其次，褐色令人产生香浓的嗅觉通感，精美的颜色常和芳香醇厚的滋味相关联，惹人垂涎喜爱、心情愉快。

总体上说，褐色具有自然、安定、亲切的特质，看起来质朴、真挚、低调，在时尚界经久不衰。

不过有一个例外，那就是日光浴之下褐色的皮肤——称为“小麦色”或“古铜色”，拥有这种较深而光亮的皮肤，是健康、活力、有经济实力和经常海滩度假的标志，是欧美人士的理想肤色（图2-83）。

消极印象

看到褐色，尤其是明度比较低的褐色，容易使人产生衰老、肮脏、邋遢、无聊、不文明的印象。

褐色的色彩倾向含混、在面料染色上工艺成本略低，略显平庸。很多复色在使用以后变得肮脏，会产生类似于褐色的混杂效果，因而褐色容易让人感到不够整洁干净。所以，影视剧中，褐色多是底层百姓、甚至是乞丐们的常用服装色。西班牙画家牟利罗（Bartolomé Esteban Murillo）的名画《吃水果的少年》（图2-84），真实地记录了两个穿着褐色衣裤的街头流浪儿童的形象。

在中国古代，元朝政府曾限制汉族用色，于是民间用丰富的灰褐色系来作无声的反抗。据元末明初陶宗仪所著《南村辍耕录》卷十一“写像秘诀”中记载，当时服饰用褐色名目就有砖褐、荆褐、艾褐等二十余种。

时尚印象

浅淡的褐色，可以归入裸色系列。裸色的色调来源于与肤色接近的颜色，轻薄透明、温和含蓄，是最近几年的流行热点，具有在低调中流露出性感的独特魅力（图2-85）。

11. 金色的心理属性

金色，极色之一，是散发着光芒的黄色，典型的金属色。

中性印象

金色是太阳的色彩，因此在绘画当

图2-83 褐色的健康活力

图2-84 褐色的含混污糟

图2-85 时尚之褐：裸色情结

中，金色是对白色阳光的升级。打磨光亮的黄金制品也有类似的光芒。在实际使用中，还可以根据金色带有的不同色彩倾向区分为红金色、蓝金色、绿金色等变化。

积极印象

金色是富裕的标志。长久以来，人们习惯用黄金去衡量有价值的事物。如石油和鲟鱼籽都曾被称为“黑色黄金”、配合默契的伙伴被称为“黄金搭档”，此外还有黄金时间、金榜题名、金屋藏娇等说法，不胜枚举。

金色具有神圣的超凡之光，代表着超乎寻常的成就和荣誉。成功者通常会获得金质奖励，如奥运金牌、奥斯卡金像奖、金熊奖、金鸡奖，还有法国时装界的金顶针奖等。

金色从富裕衍生出了尊贵的印象，像维也纳金色大厅、圣伊萨克大教堂一样，金色的材料和装饰像特权一样令人神往（图2-86）。著名的意大利奢侈品品牌范思哲（Versace）擅长使用金色，产品风格奢华富丽、性感夸张（图2-87）。

图2-86 金色的权威尊贵

图2-87 金色的奢侈性感

消极印象

金色也是炫耀的颜色，与虚荣、傲慢相联通。物体，如服饰、汽车、手机、坐便器等被涂上金色后，立刻变得金碧辉煌、豪华刺眼，往往显得招摇浮夸、不太优雅，被人戏称为“土豪金”。

所以，金色在各类礼服中使用较多（图2-88）；在生活常服类的设计中，金色应该谨慎使用。

图2-88 金色的富贵浮夸

12. 银色的心理属性

银色，极色之一，是发光的灰色或发光的白色，有冰凉闪亮的感觉。

中性印象

银色类似月亮的光辉。英国音乐人莎

图2-89 银色的神秘空灵

图2-90 银色的都市职业感

图2-91 银色的未来科技感

拉·布莱曼（Sarah Brightman）拥有清亮的嗓音，被誉为歌坛的“月光女神”，她的个人形象设计常以此为灵感。此外，很多的灰色被形容为银色、银灰色，如灰色的狐狸叫做“银狐”、灰白的头发叫做“银发”等。现在很多动漫形象的设定和演员都热衷于采用银发（图2-89）。

积极印象

银色给人大多是正面的印象，如富有、尊贵、智慧、灵感、洞察力、高尚、幻想、科技、外太空，等等。

银色是白银的色光。白银和黄金一样属于稀有贵金属，也是自古而来的财富的标志，招人喜爱。中国的苗族、瑶族、藏族、壮族、哈尼族、景颇族、德昂族、佤族等少数民族使用银色装饰也是不厌其多。

在金色旁边，银色总是略显沉默和谦恭，它在欧洲又被称为是“礼貌的颜色”；银色让人联想到脑力劳动的特征，象征聪明、独立、精确。所以，银色的手提电脑和银灰色的西装及领带，看上去比金色的要更优雅、更有涵养，也更加务实精干（图2-90）。

现代合成金属的银色外观质感很普遍，性能上也提高了很多，所以容易给人高速度、高质量、现代化、科技化的印象（图2-91）。在未来风格的产品广告、电影海报中，机器人的银色材质、银色服饰都强调着强烈的科幻感，同时极具时尚氛围。所以，银色是当代服装与服饰设计中值得重点关注的色彩。似乎，银色给人的好感比较多，消极印象不明显。

13.荧光色的心理属性

荧光色，极色之一，是发光的彩色，原色、间色们的加强版（图2-92）。

荧光色的兴起与光致发光的荧光材料研发有直接的关系，时间不长。但是今天时尚

图2–92 荧光色的鲜艳与醒目

图2–93 荧光色的潮流与俗气

界已经把那些并非光致发光而效果接近荧光、具有超乎一般的鲜艳程度的彩色统称为荧光色。

积极印象

荧光色在视觉外观上主要是纯度超高、刺激强度超强，具有冲动、开放、活泼、敢于突破的心理特征。在最近几个季度的流行色舞台上一反灰色系、冷淡风的单调表现，屡有脱颖而出的惊人表现。从使用荧光色局部点缀PU包和耳坠等“BlingBling”的配饰或指甲油和唇彩等亮晶晶的妆容，到从上到下通体穿搭使用荧光色，搭配难度有明显的差别。

许多人在暗沉背景下使用荧光色，会显得活泼、积极、充满激情，就像流行音乐演唱会上摇动的荧光棒、夜跑族的酷炫夜光服饰，都比较容易在时髦的年轻人中获得认同。

此外，荧光色能够在昏暗光线的地方反射弱光，易于被人发现，对在特殊的微光、无光环境中工作的人，如交警、环卫工人以及户外运动者来说，具有提高视认性和安全性的辅助功能。

消极印象

荧光色使用的历史不久，还没有积累起丰富的文化内涵。因而，荧光色色相稍显单一，心理象征相对较少。而且，大量使用荧光色，很容易陷入“乡村非主流”的低俗感，失去着装形象的整体和谐感，非常考验穿着者的时尚开放度和把握荧光色整体协调性的技巧。

总之，在产品、服饰、空间装潢、户外广告等设计中，荧光色表现出酷劲十足的“潮感”，越来越体现出它的独特价值（图2–93）。

二、色彩的心理错觉

1. 色彩的轻重感

颜色的轻重感，主要是根据明度差异引起的心理效果。一般来说，明度越高的颜色给人感觉越轻，明度越低的颜色给人感觉越重。

图2-94 色彩的轻重感

如图2-94所示，左1人台的配色由两种较深的灰色组成，明度低，显得比较厚重；右1人台的配色由白色和浅灰色组成，明度高，显得比较轻盈。左2人台的配色重色在上，有一种不安定的紧张感；右2人台的配色重色在下，比较稳定。服装配色中，人们习惯于把重色放在下部，轻色放在上部，如果反过来就要慎重考虑了。

2. 色彩的软硬感

图2-95 色彩的软硬感

颜色的软硬感，一方面依赖于明度差异，但是也和纯度差异相关。高明度、低纯度的颜色给人感觉最软，高明度、高纯度的颜色次之；低明度、高纯度的颜色感觉最硬，低明度、低纯度的颜色要稍稍软一点。

如图2-95所示，左1人台的配色最软，适合老人和婴儿；右1人台的配色最硬，适合舞台演出。中间两个人台配色的软硬感介于两者之间，比较适合日常穿着。

3. 色彩的进退感

图2-96 色彩的进退感

同样距离观察同样大小的两个颜色，由于颜色差异产生不同的纵深距离感，产生了前进色与后退色。色彩的进退感，与其纯度、明度、冷暖有关。高明度色前进，低明度色后退；高纯度色前进，低纯度色后退；暖色前进，冷色后退。

如图2-96所示，左2红色人台比黄色人台靠后，因为它的明度低；但比褐色人台靠前，因为它的纯度高。

4. 色彩的膨胀与收缩感

图2-97 色彩的膨胀与收缩感

形状和大小相同，颜色的大小看起来也会有轻微的变化，称为色彩的膨胀和收缩感。这种感觉首先与冷暖有关，其次与明度有关。暖色系，看起来比较膨胀，冷色系看起来比较收缩；高明度色膨胀，低明度色收缩。这样的感觉符合透视原理。

如图2-97所示，中间的亮色人台、暖色人台看起来要膨胀得大一点；左1暗色人台、右1冷色人台看起来要收缩得小一点。

5.色彩的华丽与朴素感

颜色的华丽与朴素感，主要受色彩的纯度影响。

如图2-98所示，左1人台的配色纯度高，给人感觉明快、年轻、活力洋溢，具有华丽的氛围感；右2人台的配色纯度低，给人感觉比较朴素。右1人台的配色对比强烈、左2人台的配色对比微弱，也会对配色的华丽与朴素感带来一定的影响。

图2-98 色彩的华丽与朴素感

6.色彩的兴奋与沉静感

色彩的兴奋与沉静，与色彩的冷暖和纯度有关。

如图2-99所示，左1人台的暖色系配色，给人感觉比较兴奋；左2人台的高纯度配色，也给人感觉较为兴奋；而右1人台的冷色系、灰色系配色以及右2人台的低纯度配色，均给人感觉比较沉静。同样的，色彩对比强烈与否也会对配色的兴奋与沉静感带来一定影响。

图2-99 色彩的兴奋与沉静感

色彩的进退感、膨胀与收缩感、华丽与朴素感、兴奋与沉静感在性质上具有共通性：色彩的纯度、冷暖以及对比的强弱感是产生这些色彩心理错觉的主要原因。

7.色彩的面积错觉

色彩的面积效果，是指同一块颜色由于自身面积的大小变化产生了纯度和明度的视觉变化。

图2-100 色彩的面积错觉

明度较高的颜色，如黄色，面积越小越明亮，纯度更高；明度较低的颜色，如深灰，面积越小显得越暗，纯度更低，如图2-100所示。

在服饰配色中，点缀色的小面积使用很普遍，如丝巾、纽扣等，但关于它的使用面积就很值得推敲了。

图2-101 色彩的同化错觉

图2-102 色彩的色阴错觉

图2-103 莫兰迪油画《静物》局部

8. 色彩的同化错觉

色彩的同化现象，是指一个颜色受邻近颜色的影响，看起来好像改变了色相、明度或纯度，出现彼此接近的效果，称之为“颜色的同化”。

在服装配色中，经常会使用条、格图案和细小的花纹面料。如图2-101所示，左边人台的上装是白底绿条，下裙是黄底绿条，看起来裙子上的绿条被黄色同化了，成了黄绿色。观察后可以知道：色彩面积越小、间隔越近，同化错觉效果越明显；两个色彩的色相、明度、纯度越接近，同化效果越明显。

9. 色彩的色阴错觉

色彩的色阴错觉，是指白色和灰色等无彩色被有彩色包围时，无彩色会呈现出周围有彩色的互补色倾向。例如，被红色包围的灰色，看起来像是绿灰色；被绿色包围的白色会略带一点粉红的味道，如图2-102所示。

在服装配色中，这种类似于“心理补色”[1]的现象是可以被设计利用的。

三、案例分析：莫兰迪色系

乔治·莫兰迪（Giorgio Morandi，1890—1964），一个意大利的美术老师，也是一名色彩大师。他的画作风格非常鲜明：一种极具静态和谐美特征的色彩调子，给人淡泊简约、舒缓雅致的心理感受。这种配色也被后人命名为“莫兰迪色系”（图2-103）。

莫兰迪色系（图2-104），并不是单纯的黑白混合，而是与有彩色具有不同量的交融，然后形成的完整的、特征鲜明的“有色灰系

---

[1] 心理补色：又称为残像补色，它是人的眼睛在凝视某一色彩一段时间后，将视线转移到其他处，因短暂视觉疲乏所浮现的心理残像色。

图2-104 莫兰迪色系

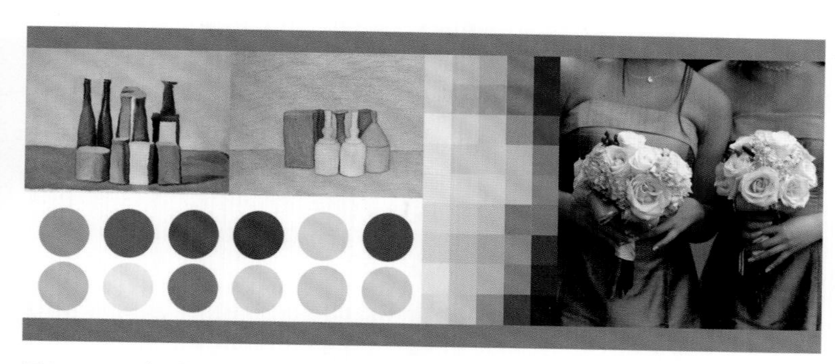

图2-105 采用莫兰迪色系的服饰设计

列”。虽然色彩纯度不再强烈浓重，却产生了更柔和优雅的感觉，能够安抚现代人的负面情绪，很适合日常生活用品的色彩应用。

今天，莫兰迪风格成为时尚界、艺术界非常流行的风格应用，号称“高级灰”，是服装设计中热门的中性风、性冷淡风等装饰风格的参考用色（图2-105）。

第六节 色彩的文化属性

文化，是指一个民族和国家的地理、历史、传统习俗、风土人情、文学艺术、生活方式、思维方式、行为规范、价值观念等的表现与积淀。在漫长的人类文化进化中，色彩扮演的角色是不可替代的。主要表现在以下几个方面。

一、色彩与生命意识

生命意识，是指个体对自身生命的自觉认识，包括生存意识、安全意识和死亡意识。在古代，人们对生命的态度表现在浓厚的生命意识上。

那时人的生命非常脆弱，他们希望自己和亲密的人能够快乐、安全地活着，死去后能够顺利往生。当他们认识到血液对于生命健康的重要性后，自然地就将红色看作是生命的颜色。在原始人群中，活着的时候使用红色的泥土涂抹身体、画出图腾纹样（图2-106）；死去的时候用红色的泥土、石块制作成红色饰品陪葬的现象比较普遍，至今在

图2-106 现代人模仿土著的红色装饰

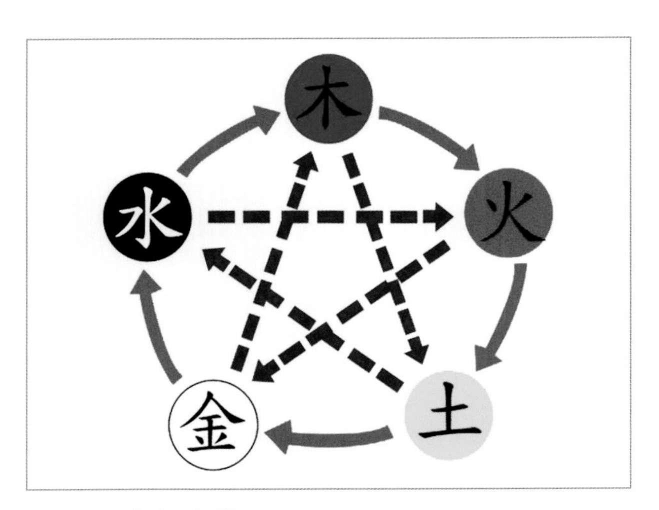

图2-107 色彩五行说

图2-108 清代皇家缂丝面料局部

一些特定人群中还存在这种带有生命意识的精神活动。

二、色彩与五行观念

我国是文化大国，对于色彩有独到的文化观察视角。古代中国，早在殷商时期就开始使用观念性数字“五”，战国时期就已经产生了“五行相生相克”的观念，代表宇宙基本组成元素的金木水火土，对应着白蓝黑红黄（图2-107）。这种来源于生活的系统化观念，是古人认识世界和改造世界的朴素观念，并衍生出色彩的等级观念。

有趣的是，这“五方正色”[1]包含了红、黄、蓝三原色和黑、白两个无彩色极色，其他的所有色彩都是来自于这些基本色彩的组合变化，这与近现代色彩科学的研究成果不谋而合。

三、色彩与等级观念

典籍《舆服志》中记载了中国历代服饰制度在国家制度建设中的重要性，其中包括了服装色彩的使用禁忌。

在推崇五方正色的时期，周朝尚红、秦朝尚黑、汉朝尚黄……隋唐时期皇家开始将黄色定义为专用色。公元960年，赵匡胤“黄袍加身”，表明了黄色已经具有公认的皇权等级性，有了森严的使用规范。

在中国传统中，紫色也是尊贵的颜色。唐贞观四年（630年）政府就规定：凡三品以上官员用紫袍。历代以来，高等级人群的着装用色一般较为富丽多样（图2-108），而普通百姓用灰色、黑白色、褐色居多。

今天，服装色彩的等级观念已微乎

[1] 五方正色：《论语·阳货》载，“谓青、赤、黄、白、黑，五方正色。”分别代表东、南、中、西、北，象征木、火、土、金、水。《庄子·天地》中有“夫失性有五：一曰五色乱目，使目不明……”的记载，意思是色彩纷乱，使人眩惑难辨，以致失去正确的色觉。反映了中国古代道家文化中朴素超脱的美学思想。

其微，设计的民主化保证了每一个人都拥有享受色彩的平等权利，色彩的使用越加开放自由。2010年有中国艺人穿着明黄色的龙纹礼服亮相戛纳电影节，彰显了“中国黄”的尊贵气派。

四、色彩与雅俗观念

一方面，色彩成了区别社会人群高低贵贱的工具；另一方面，色彩逐渐有了雅俗之别。

穿惯了五彩绫罗的人，开始欣赏五彩色系以外的黑白灰——淡雅水墨画，以唐代画家李思训《仙山楼阁游仙图》为代表的重彩审美逐步让位于元明清代《仿倪云林山水》这样高逸淡雅的路数（图2-109）。

而平时穿着素简的黑白灰褐的人，在节日、礼庆、舞台等场合，会尽情享用五彩斑斓的有彩色系（图2-110）。少数民族服饰、民间年画、民间秧歌大多采用火爆俗艳的用色规律。

中国色彩的命名，多经过文化积淀成为符号，光看名字都能令人感受到不凡的气质和历史的美感，例如，“曙红”的娇艳妩媚、“大红”的富丽浓烈、“祭红”的端庄深沉、“佛头青”稳重中保留艳度、“花青”平和而不失滋润、“影青”的含蓄清透，说明色彩在设计应用时注入文化属性的必要性和重要性（图2-111～图2-116）。

图2-109 从青绿画到水墨画

图2-110 川南傈僳族节日盛装[1]

[1] 傈僳族节日盛装：在川南米易县新山乡的山村里，笔者看到当地傈僳族妇女们在敬献“拦门酒”的时候，穿着古老的节日盛装，保留了浓重艳丽的用色习惯。

图2-111 现代潘天寿作品《朝日艳芙蕖》局部

图2-112 唐代周昉作品《簪花仕女图》局部

图2-113 清代雍正时期“祭红釉碗”局部

图2-114 近现代张大千作品《牡丹图》局部

图2-115 现代王雪涛作品《草虫图》局部

图2-116 宋代湖田窑青白瓷“高台杯盏”

五、色彩与礼仪观念

色彩的礼仪性，既是人民对美好生活的期待，也是人与人之间必不可少的尊重，在人际交往中发挥着重要的作用。

首先，色彩的礼仪性表现为象征性。在人民大会堂、2010年上海世界博览会中国馆以及逢年过节等重要场合，中国红频频出现在各个礼仪环节，是具有传统象征意义的首选色，彰显出古国的恢宏气度，雅俗共赏。2013年中国音乐家宋祖英在奥地利金色大厅演唱《龙船调》时身穿的盛装，也是最能够体现中国文化自信和民族精神的红色。

其次，色彩的礼仪性表现为规范性。在日常生活中，如婚礼上的红色旗袍、清明时节的青团、端午节佩戴的“五毒香包”❶等，这些色彩是约定俗成的，不能随意改变。

在少数民族地区，如贵州东南姊妹节、云南白族三月三等传统节日上，色彩使用多有复杂丰富的礼仪规范。以笔者调研过的新疆克孜勒苏州柯尔克孜族❷为例，除了诺鲁孜节等传统节日需要穿着民族盛装外，柯尔克孜妇女的日常服装也非常讲究礼仪。她们喜爱红色，但是从粉红到大红，再到紫红，代表着明确的长幼之序，显示了特定的色彩文化（图2–117）。

图2–117 新疆柯尔克孜族妇女常服礼仪用色

色彩的礼仪性，还表现在民族性和时尚性上，具有非常重要的商业价值。很多服务行业的制服，是民族文化对外展示的窗口，色彩选择尤其重要。如空中乘务员是各国航空公司的闪亮名片。空姐制服的色彩选择，不仅是国家、民族的形象象征，也是公司的服务理念体现，各国各公司都会有意识地优先选择民族特征明显的标志色。如图2–118所示，爱尔兰航空的空姐制服，采用了他们国家最具有代表性的绿色，大方稳重，清新时尚。

图2–118 爱尔兰航空的民族特色制服

六、色彩与审美观念

色彩美，是美感的基本内容之一。艺术家、设计师通过色彩语言把自己的审美体验和人性感悟展示在自己的艺术作品中，引发他人的情感共鸣。传统意

❶ 五毒香包：佩戴香包是农历五月五日端午节民间重要的民俗活动之一。香包使用红、黄、绿、蓝、白、黑等原色，象征五种毒物，色彩鲜明泼辣，寓意是追求吉祥、火红、热闹和欢快，消灾避祸。

❷ 柯尔克孜族：中华民族大家庭中非常古老的一个民族，勤劳忠诚，尊老爱幼，两千多年以来创造了丰富灿烂的民族文化。现有《玛纳斯》史诗、驯鹰技艺、刺绣技艺、库姆孜弹唱等多项世界级、国家级非物质文化遗产，对于一个仅有20万人口的边疆少数民族来说，确实是难能可贵的文化奇迹。

图2-119 日式色彩的自然美

图2-120 色彩的“病态美”

义上，色彩的审美性，是指运用色彩学原理，采用各种调和方式和手段，给予他人在色彩审美上的感知与享受。

不同的色彩对人的思想和心理产生的精神效果并不相同：有的色彩使人享受于优美，有的色彩使人遐想于壮美，有的色彩使人兴奋于奇美……总体上，这些色彩现象带来的是精神上的愉悦。

色彩审美，深受当时艺术主流思潮的影响，即显现出一定的时代差异与地域差异。东方美学思想源远流长，其体系性和稳定性更加明显。以日本为例，日式色彩美之一，是寻找普遍存在的自然美：追求淳朴、柔软和舒适的色彩关系（图2-119）。中国在色彩应用上的主流，一直是艳俗美、含蓄美共存互补，泾渭分明又和谐相处。

但是，每个时代都会有一些特立独行者不会满足于雅俗共赏，其以病态、极端、怪异的口味来反对一般的审美感受，以毁伤、凄厉、恐惧来反对大众的生活态度，以邪恶、嚣张、乱性来反对主流价值观，形成具有“矫情美”与“病态美”[1]的色彩形象，并形成一定的潮流（图2-120）。

在彰显个性的今天，服装色彩使用上明显出现了个人化倾向。只要不是严重颠覆三观的“审丑”，也得到了大家的包容。挑战色彩审美主流取向的行为，会引发消费者的好奇、钟爱乃至沉迷，但是被抛弃也是非常快、非常常见的，色彩的传统审美、经典审美地位依然不可动摇，这需要引起色彩设计师足够的重视。

---

[1] 病态美：艺术评论家、收藏家马未都先生说：中国人的审美分四个层次，位于金字塔最底端的是艳俗美，往上是含蓄美，再往上是矫情美，塔尖上则是病态美。

七、案例分析：撞色

撞色是近年来比较流行的一种设计用色方法，主要是指使用对比色色组进行大色块的并置搭配，细分的话还可以区别为对比色并置搭配和互补色并置搭配。

撞色搭配很容易穿出扎眼、俗气的感觉，一般是需要色彩设计师采用各种方法加以调和才能得到（具体方法在后续章节中介绍）。

现在设计师常常直接搭配、不加调和，导致色彩关系对立冲撞。这种现象与其说是技术现象，不如说是文化现象，是设计师和穿着者主动颠覆传统审美原则的选择，目的是为了满足表达自信、张扬个性的需求（图2–121）。

图2–121 火爆的撞色搭配

八、案例分析：中国白

民间谚语说“一白遮三丑”“女要俏一身孝”等，都是中国人对白色审美传统的褒扬。

白色包容性非常好，是最简洁的色彩元素，对其他的色彩都有极好的衬托能力。同时，它又简约纯净，可以自成审美标准，有利于表现广受推崇的现代形式美法则——“少即是多”。

在有“瓷都”美名的中国泉州德化，其白瓷从明代起大量出口欧洲，是海上丝绸之路对外输出的重要物资品类。18世纪福建德化陶瓷工艺大师何朝宗创作了大量的观音像，以图2–122所示的这尊《渡海观音》雕塑为例，釉质如玉，其色近象牙，具有莹亮润泽的色彩美感，得到了西方市场的高度认可，被誉为“中国白”（BLANC DE CHINE）。

图2–122 素雅的中国白

可见，一个国家或者民族，用文化来包装具有地域特色的色彩产品，构建国家、民族的文化IP（Intellectual Property），如中国红、中国蓝、中国黄、中国白等，是很有文化意义和商业价值的。

小工具推荐：中国色网站

中国色网站（http://zhongguose.com/），首页如图2-123所示。这个网站与“日本的传统色”网站有相似之处，可以对照学习。其参考了中国科学院科技情报编委会名词室编撰的《色谱》，提供了中国传统颜色代表性名称七百余个，每个传统色都有对应的CMYK和RGB色彩值。

该网站页面的切换很流畅，有助于强化设计师们对中国传统色彩的认识和使用。

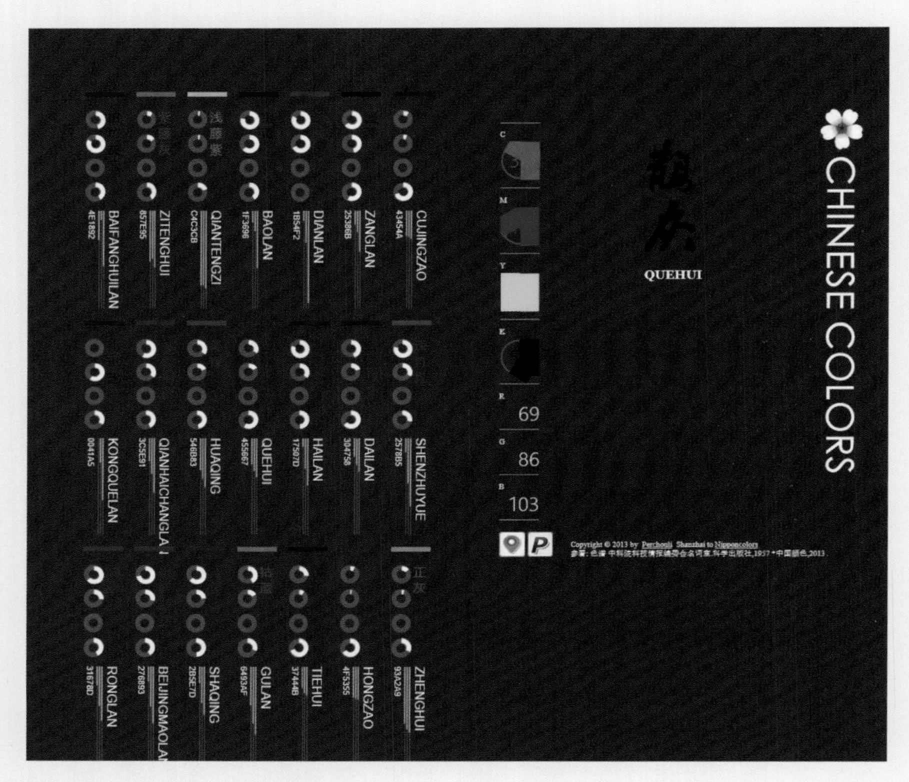

图2-123 “中国色”网站界面

小工具推荐：色卡

色卡是自然界存在的颜色和人工开发的颜色在某种材质上的体现，是色彩设计师实现构思和产品时用来色彩选择、比对、沟通的标准化工具。

国际上比较通用的色卡是美国潘通（Pantone）色卡（图2-124），提供平面设计、服装家居、涂料、印刷、数码科技等行业专用色色卡，应用比较广泛，已经成为行业内交流色彩信息的统一标准语言。此外，德国

RAL色卡、瑞典NCS自然色彩系统、日本DIC、Scotdic棉布色卡等色卡也可供选择。

中国纺织服装行业从2001年开始，由中国纺织信息中心承担了科技部“中国应用色彩研究项目”，建立了CNCS颜色体系（色卡），并已被确立为国家标准和纺织行业标准。

拥有一套实物的色卡对色彩研究者很有帮助，作为学生可以先从“电子版色卡”开始学习。

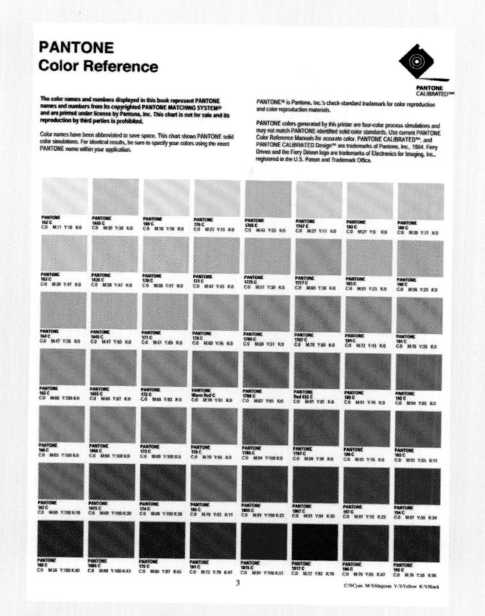

图2-124 潘通色卡

本章作业：主题色彩提取与重组

1.具体要求

就前一章调研的感兴趣的色彩现象，从色彩面貌、色彩规律、色彩心理和色彩文化角度入手进行分析，完成色彩提取并制作装饰插画一幅，如果涉及呈色工艺请一并分析。

2.近年学生自拟课题参考（图2-125~图2-132）

图2-125 香港夜间街景色彩灵感分析

图2-126 香港夜间街景色彩对应装饰插画

图2-127 湖南醴陵釉下五彩瓷灵感分析

图2-128 湖南醴陵釉下五彩瓷对应装饰插画

图2-129 福建红砖厝色彩灵感分析

图2-130 福建红砖厝色彩对应装饰插画

图2-131 粤剧点翠头面色彩灵感分析

图2-132　粤剧点翠头面色彩对应装饰插画

思考题

①你会在色相环上找到中差色吗?

②怎样在色立体上找到色彩的三要素?

③小学生和都市白领的色彩形象各有什么心理特点?

④怎样从一个色彩色标中分析出它的组成“基因”?

⑤怎样理解色彩审美的“俗”“雅”“病”?

⑥试比较日本、北欧、中亚、加勒比海等地区的造型艺术所表现出的色彩美特征。

03

第三章

调配色彩：色彩调和与形式美原则

本章课程思政点

贯通东西，提领色彩时尚应用的导向，传递中国态度：国际视野，自由平等，科学精神，社会担当。

内容目标

本章主要介绍服饰色彩设计的色调、色彩风格、色彩设计的调和技巧与审美原则。旨在通过有针对性的练习，让同学们掌握色彩搭配的方法和评判色彩搭配效果优劣的标准，使之前往往被忽略、被轻视的色彩设计成为设计师的专长。

授课形式

课堂讲授，独立作业，交流点评

课时安排

20学时（总64学时）

第一节 色调

在漫长的色彩应用实践中，很多颜色都积累了丰富细致的心理属性和文化属性，因此显得富有个性。它们各有优点，也各有缺陷。

经验说：没有不好看的颜色，只有不好看的搭配。要做好色彩搭配，首先是要处理好整体的色调，然后让色调表现出特有的艺术风格，接着对局部不协调的色彩施加调和手段，最终使它们在统一中产生变化、在变化中得到统一，符合色彩应用的目的，呈现色彩的形式美感。

一、色调的概念

色调，指一个色彩或色彩组合所表现出来的整体色彩倾向性，是和其他色彩、其他色彩组合区别开来的首要特征。女生常用的色粉盒就是一组和肤色有关的色彩集合，如图3-1所示，形成了褐色调。

色调构成因素，包括色相、明度、纯度、冷暖、面积主次关系等多种因素，所以说色调是一个复合概念。当人们关注其中某个起主导作用的因素时，就可以将其统称为“某色调”，而忽略那些非主导性的因素。如一幅作品以橙色为主，其间杂以少量红色和绿色，看起来比较温暖和明快，我们可以称为橙色调，也可以称为暖色调、明亮色调。

换个角度，如果我们说“红色调”，是说红色起主导作用的色相色调；如果我们说暗浊色调，意思是较低的色彩明度和纯度起主导作用的色调。

当色彩缺少明显调性的时候，就说它是“色调不明确”（图3-2），这时需要进行调和处理，以形成相对统一、特

图3-1 化妆盒中的色调

图3-2 倾向不明确的色调

征更加明确的色调。

不管怎么说，色调是色彩设计的“关键内容”，既可以成就色彩搭配，也可以毁掉色彩搭配，而配色的成败首要取决于设计师对色调的认知是否合理、对色调的把握是否熟练。

二、色相色调

一件设计作品、一个着装形象，常常不是一个色相，而是多个色相的组合。

如果一个色相占有压倒性优势，就被称为主导色，它具有的色彩调性就成为主色调，其他小比重的不同色相就是辅助色点缀色。如图3–3所示，因为红色是主导色，形成红色调；而少量的绿色、蓝色、黄色不影响红色调的主体特征，因而都是点缀色。

在主导色和辅助色的比例设置上，需要拉开体量的差距，避免辅助色喧宾夺主。按照比较著名的“服装三色搭配原则”❶，一般主导色的占比会达到70%甚至更多，辅助色的占比约25%，

图3–3 色相色调

❶ 服装三色搭配原则：指一套服装搭配使用的主要色彩一般不超过三种，多了会显得杂乱，这种方法在经典商务礼仪服装用色规范中经常被强调。但是原则也是可以灵活应用的，如几个同种色可以算一种色彩，以充当主导色、辅助色和点缀色中的一种。又如，当主导色和辅助色比较简明单一时，微量的点缀色可以多几种。

点缀色只占5%左右。这时，主导色：决定了作品色彩形象的风格取向——主色调；辅助色：主要是辅助主导色，起烘托、对比或强调作用，形成色彩优势或让色彩组合显得活跃生动，效果不至于太单一；点缀色：主要是形成视觉焦点，引导视线移动，强调装饰效果，以营造独特的色彩趣味。

如果辅助色所占比例与主导色过于接近，会导致色彩强烈冲突或色彩层次不明显，也就是前面所提到的“撞色设计”，需要更多技巧加以调和。

三、冷暖色调❶

需要注意，色相主导的色调如红色调、紫色调……都比较容易理解，需要注意的是由色相带来的冷暖色调（图3-4）。

色彩的冷暖感是一种对人的生理和心理两方面都起作用的通感，这是经过科学验证的事实：红色、橙色、黄色能使人心跳加快、血压升高，产生燥热或温暖的感觉；而蓝色、蓝紫色、蓝绿色能使人血压降低，心跳减慢，产生寒冷或凉爽的感觉。

我们把伊顿十二色色相环略加改造、重新划分，可以建立一个“冷暖色相环”（图3-5）。

从各色相本身的冷暖效果来看，橙色为暖极色，蓝色为冷极色。

红色、黄色围绕在暖极色橙色周围，形成暖色区。

蓝绿色、蓝紫色围绕在冷极色蓝色周围，形成冷色区。

离暖极色橙色越近的颜色看起来越温暖；离冷极色蓝色越近的颜色看起来越寒冷。

“冷暖色相环”的中间略偏下部位，由绿色和紫色构成中性色区域；中性色区域上方紧邻的是中性微暖色区域，下方紧邻的是中性微冷色区域。

图3-4 冷暖色调

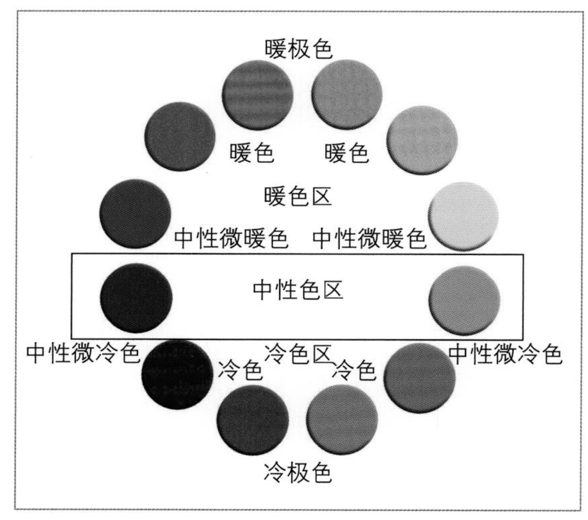

图3-5 冷暖色相环

❶ 冷暖色调：是一种非常重要的色调，是其他色彩心理错觉的基础，决定着色彩设计和消费者色彩偏好与情绪反应的匹配度。

与红色、黄色和蓝色这样典型的暖色、冷色相比，绿色和紫色作为中性色，介于冷色与暖色之间。调入一点暖色，就成为中性微暖色，如红紫色、黄绿色；调入一点冷色，便成为中性微冷色，如蓝紫色、蓝绿色。

从图3-5中看到，暖极色、暖色和中性微暖色构成了完整的暖色区域——暖色调；冷极色、冷色和中性微冷色构成了完整的冷色区域——冷色调。

除了这些鲜艳的有彩色外，黑白灰等无彩色习惯上也被称为是中性色，因为它们中调入暖色或冷色，会形成暖灰色或冷灰色（图3-6）。

图3-6 暖灰配色与冷灰配色

色彩的冷暖色调，基本上就区别了夏装和冬装的基础常用色。

1. 中性色的冷暖色调调节

从图3-7可见，中间图案的绿色是中性的；左边图案的黄绿色具有微微的暖意，是中性偏暖色；右边图案的蓝绿色会偏冷许多，是中性偏冷色。

图3-7 中性色的冷暖色调调节

2. 色调冷暖弱对比

从图3-8可见，左1是暖极色橙色和暖色系红色搭配，效果是暖意融融；左2是冷极色蓝色和冷色系蓝紫色的搭配，效果是寒冷萧瑟；中间是暖色黄橙色和中性微暖色（黄绿色）的搭配，暖色势力偏强，所以整体偏暖；右2是冷色绿味蓝和中性微冷色蓝味绿的搭配，冷色势力偏强，所以整体偏冷；右1是中性微暖色绿味黄和中性微冷色蓝味绿的搭配，在冷暖色相环上大约间距60°位置，为冷暖弱对比，冷暖感不明确。

图3-8 冷暖色调弱对比

图3-9 冷暖色调中对比

图3-10 冷暖色调强对比

3. 色调冷暖中对比

从图3-9可见，左1、左2分别是冷色绿味蓝与中性微暖色绿味黄、红味紫的搭配；右1、右2分别是暖色红色与中性微冷色蓝味绿、蓝味紫的搭配，色相环上间距90°～120° 的位置。这四个配色为冷暖中对比的色调。

4. 色调冷暖强对比

从图3-10可见，左1为冷极色蓝色与暖色黄味橙的搭配，为冷暖强对比；右1为暖极色橙色与冷色紫味蓝的搭配，在冷暖色相环上大约间距135° 的位置，为冷暖强对比；中间为冷极色蓝色和暖极色橙色的配色，在冷暖色相环上处于直径两端180° 位置，成为冷暖最强对比。

四、明度色调

从色立体上，把它的中轴线抽离出来，一端为白，一端为黑，中间分布着灰色的连续渐变，就好像中国水墨画传统理论中的“墨分五彩”❶。

如果人为将它们分为9个等级形成的明度等级表，最接近黑色的深灰色标示为1级，最接近白色的浅灰色标示为9级，可以把灰色划分为以下三个明度基调。

1～3级为接近黑色的深灰色系，称为低明度调，它们相互的组合具有沉静、厚重、沉闷的感觉（图3-11）；4～6级为中间明度的灰色系，称为中明度调，它们相互的组合具有柔和、稳定、高雅的感觉（图3-12）；7～9级为接近白色的浅灰色系，称为高明度调，它们相互的组合具有明快、干净、清爽的感觉（图3-13）。

两个不同明度的色彩放在一起，形成简单的“明度对比色调”。明度对比色调的强弱，取决于色彩之间明度差别在明度等级表上的间距大小。

从图3-11、图3-12、图3-13所示范例中可以发现，三级以内的明度反差，对比度不明确，整体比较柔和、略显单调。如果把两色的明度差拉开，

---

❶ 墨分五彩：是中国传统水墨绘画艺术的重要理论，语出唐代张彦远《历代名画记》：“运墨而五色具。”它主要是指用水作为媒剂，调节墨色深浅，达到焦、浓、重、淡、清等多种变化，与现代明度色调理论基本一致。

则会形成更为丰富的明度色调关系。

相差3级以内包含3级的明度弱对比，称为短调，具有含蓄、微妙的感觉；

相差4～6级的明度中对比，称为中调，具有反差适中、明确爽快的感觉；

相差7级以上包含7级的明度强对比，称为长调，具有相对反差大、强烈跳跃的感觉。

由此可见，仅用无彩色进行明度变化与搭配，也可以形成丰富的色彩视觉变化。

将三个或者三个以上不同明度层级的色彩放在一起，形成了比较丰富的“多明度调性”。多种明度层级的色彩进行组合搭配，需要区分主导色、辅助色和点缀色，构成主色调，再根据彼此明度差的大小，组成多明度组合色调（图3–14）。

图3–14中，每一竖列都有两个明度层级相同的灰色为主导色，从左向右依次为高调、灰调（一般称为中调，笔者认为命名为灰调更易理解、更易与明度对比度“长中短调”中的中调相区别）和低调；

加入不同深浅的第三个灰色作为点缀，因为点缀色的明度差较大，左上图和右下图形成高长调、低长调；左下图、中图与右上图依次为高短调、灰短调、低短调；

中间菱形区域：左中图为高中调，右中图为低中调，上中图和下中图为偏低的灰中调和偏高的灰中调。

虽然图3–14中使用不同层级的灰色为例，但如果换成有彩色同样有效。

前文曾提到，有彩色本身带有各自的明度属性，高明度纯色如黄色，加大

图3–11 低明度调

图3–12 中明度调

图3–13 高明度调

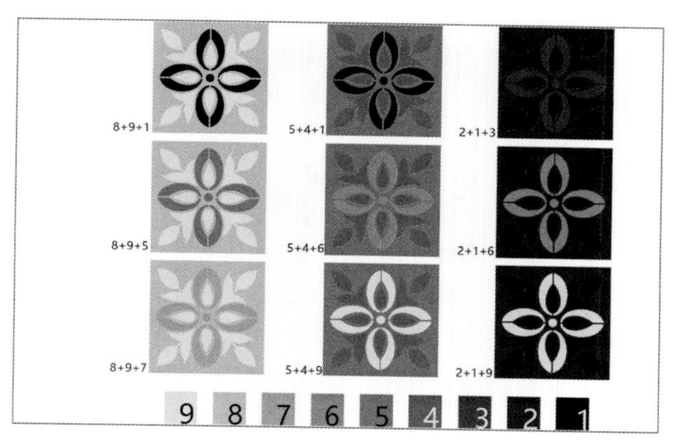

图3–14 多明度调性

量的黑之后才能达到低明度；低明度纯色如紫色，加相当多的白之后才能达到高明度。所以在使用有彩色色彩搭配时，色彩设计师同样不能忽略有彩色的明度协调性。如黄、白两色搭配明度反差太小，视认性差，效果不够明晰；红、蓝两色搭配也有类似的隐患。

五、纯度色调

在纯度色调的表述上，需要借鉴日本PCCS色彩研究体系来加以理解。

如图3-15所示，在色立体的纵切面上，我们将右侧高纯度色相与左侧中心明度轴上各种明度的黑、白色以及灰混合，并不断改变两者的数量比例，可以建立一个从极高纯度到极低纯度的纯度色调过渡，从不含灰的“鲜艳色调”逐渐过渡到具有色彩倾向性的“浓烈色调”“轻柔色调”“浊色调”，再过渡到含灰较多的“浅粉色调”“灰色调”，直至没有色彩倾向的“中灰”色调。

然后，向上部白色区域过渡，提高明度，形成“明丽色调、浅色调、淡色调”；向下部黑色区域过渡，降低明度，形成“深色调、暗色调、暗灰色调”。

如果我们眯起眼睛来观察，会发现

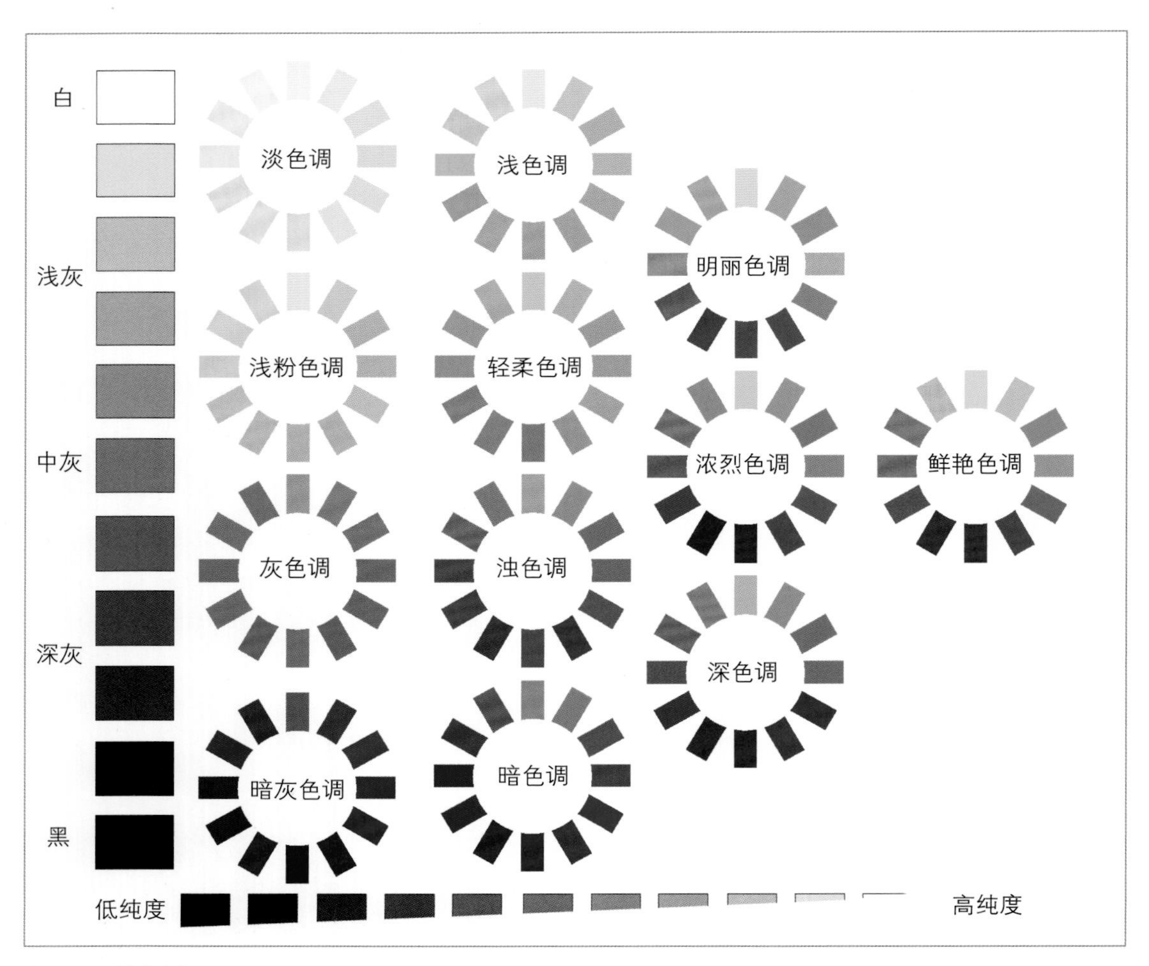

图3-15 纯度色调

右侧的“鲜艳色调、明丽色调、浓烈色调、深色调”组成了“鲜明色调区”；中间的“浅粉色调、轻柔色调，浊色调，灰色调”组成了“中间色调区”；上方“浅亮色调区”，下方“暗浊色调区”，四个区域的纯度色调较为明显。

两个不同纯度的色彩放在一起，可以形成简单的“纯度对比效果”。

图3-16 高纯度色调

1.高纯度色调

如图3-16所示，左图：以高纯度的红色为主，和高纯度的黄色搭配，辅之以互补的蓝紫灰色，产生鲜艳、火爆、冲撞的感觉；中图：以高纯度的黄色为主，辅助以少量中纯度的黄绿、紫黑色，鲜明跳跃；右图：以高纯度的绿色为主，与低纯度的粉灰色，对比效果较强，使人印象深刻，但也会滋生厌倦、烦躁的情绪。

图3-17 中纯度色调

2.中纯度色调

如图3-17所示，左图：由中纯度色组合搭配，含混低调；中图：以中纯度色为主导色，辅助以少量高纯度色，时尚复古；右图：以高纯度色为主导色，辅助以少量中纯度色。中纯度色对比，给人明丽、肯定、活泼的配色效果。

图3-18 低纯度色调

3.低纯度色调

如图3-18所示，左图：由低纯度色组合搭配，淡雅舒适；中图：以低纯度色为主导色，辅助以少量较高纯度色，新奇别致；右图：以较高纯度色为主，辅助以低纯度色。低纯度色互配，有脏浊、细腻、含蓄的感觉，有时会略显沉闷或软弱。

色调不仅和色彩三要素（色相、明度、纯度）相关，也和色彩冷暖、软硬、轻重、兴奋与沉静等心理暗示相关，形成特定的色彩调性。色调由多种因素互相影响且某种因素占据主导地位，形成色彩的整体趋势，不必过于纠缠于其中某些微量点缀色的影响。

综上所述，色调是色彩的重要属性，也是服饰色彩设计的主要内容之一；正确认识和合理运用色彩色调，对于把握服装色彩配色的整体性、统一性至关重要。

色调是可以改变的，色彩变调练习的方法可以从色相、明度、纯度、冷暖等色彩关系入手，通过替换主导色相、微调色彩的明度和纯度、改变冷暖、有彩无彩关系等手段，获得新鲜的色调，使之符合不同的色彩风格。这一练习，是对学生是否能熟练掌握色彩色调理论的综合检验。

六、案例分析：中国佛教用色的素与艳

佛教是一种外来宗教，初创于资源缺乏时期，当时的佛教修行者四处搜集零碎的布料缝缀成僧衣，质地和颜色五花八门，然后染成杂色，称为“袈裟”。在梵语中，袈裟就是“浊、坏色、不正色、赤色、染色”的意思。在实际执行中，袈裟选色虽有不同，但是大致上赞同“三种坏色”之说，即以青、泥（皂、黑）、茜色（木兰色）三种为袈裟法衣的指定用色。对于常服颜色的选用，明代曾做过规定，修禅僧人穿茶褐色，讲经僧人穿蓝色，律宗僧人穿黑色。这类色彩与佛门弟子朴素谦恭、清心寡欲的精神价值取向相一致，因而在大众印象中，僧衣多倾向于使用低调的复合色，如黑、白、灰、灰褐、青灰等色，这就是佛教用色的素色倾向（图3–19）。

事实上并非如此单一，在历史性、等级性和礼仪性的作用下，佛教还有一个截然相反的用色倾向：一方面在推崇佛教的年代，部分僧侣会获得皇室的褒奖，因而红色、黄色、紫色、金色成为法衣颜色并成为尊荣地位的标志；另一方面，佛家致力于用最华美的色彩去表

图3–19　佛教用色的素色倾向

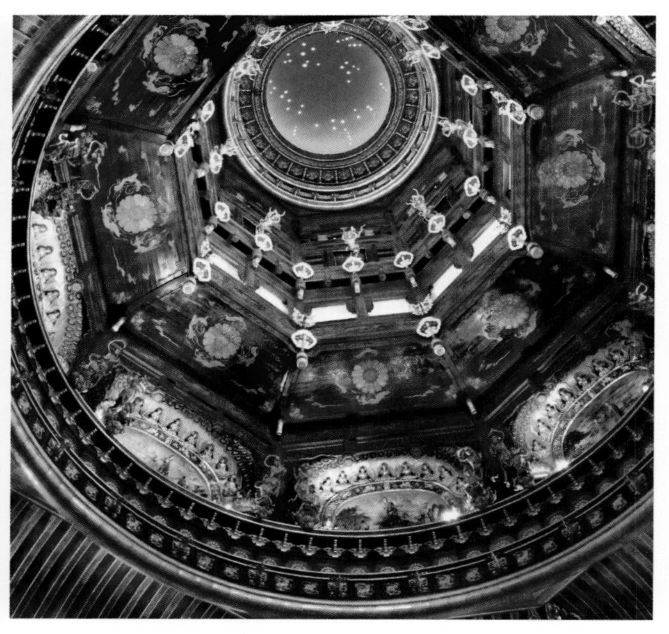

图3–20　佛教用色的艳色倾向

现神圣庄严的理想世界。在无锡灵山梵宫等佛教建筑、佛旗佛幔上都使用了丰富鲜艳的色彩（图3–20），昭示其象征意义，如橙色象征智慧庄严、红色象征庄严吉祥，等等。这一色彩现象在中国佛教的重要分支藏传佛教中表现同样明显，寺庙彩绘、酥油花、坛城沙画、唐卡艺术等无不采用高纯度、强对比、华丽鲜明的艳色倾向。

推而广之，南京云锦（图3–21）的奢华精巧、红河中上游傣族腰部装饰的绚丽斑斓以及部分“中国风”礼服品牌的重彩装饰等，都在沿用色调浓郁、对比鲜明的用色风格。

佛教用色的素色倾向和艳色倾向同时反映在普通人的生活之中。两者的存在具有同等重要的文化价值，不应该褒此贬彼。

图3–21 南京云锦的绚丽斑斓

第二节　服饰色彩风格

一、色彩风格的概念

色彩风格，指一个时代、一个流派或一种流行样式在色彩的形式内容方面所显示出来的共有的价值取向、内在品格和艺术特色。

色彩风格既表现了设计师独特的创作思想与艺术追求，也反映了鲜明的时代特色。我们可以先用“四象限法”来分析基本的色彩风格：用“冷—暖”和“轻—重”作为两个不同的维度进行色彩风格图的象限划分，分出基本的“色彩风格四象限图”（图3-22）。

这张风格图一共有四个象限，分别是轻而暖、轻而冷、重而暖、重而冷。

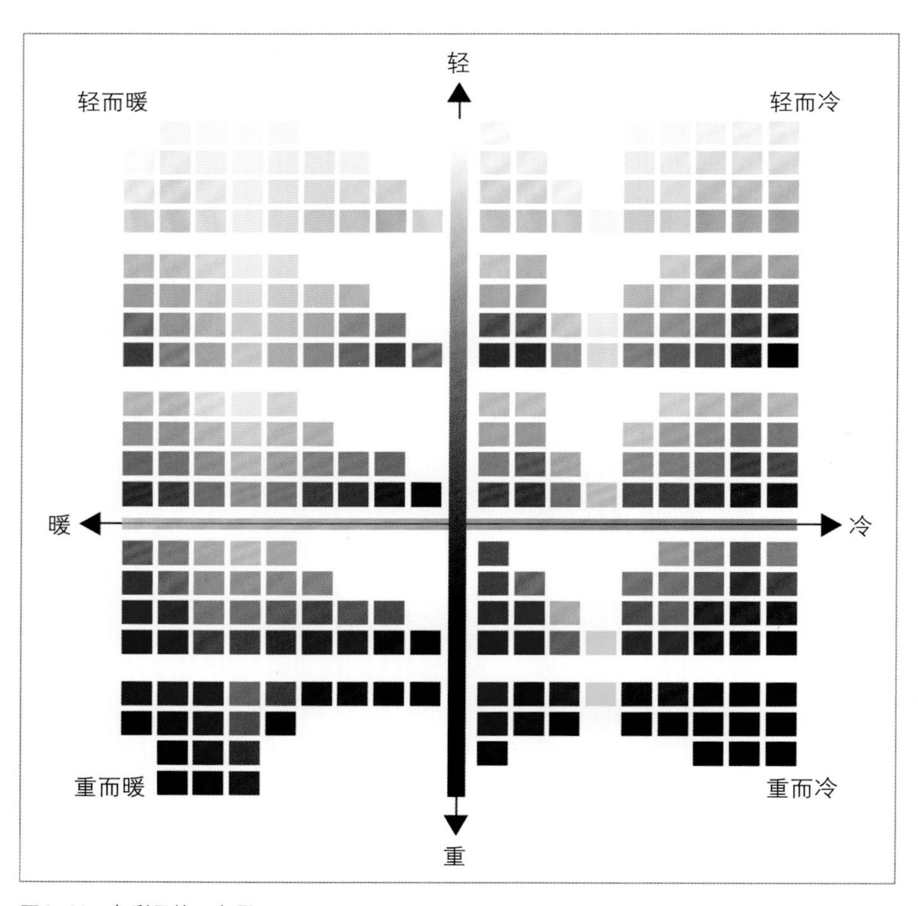

图3-22　色彩风格四象限图

二、四象限法和九宫格法

因为轻和重并不是描述风格的典型词汇，而轻色具有柔和的印象、重色具有强烈的印象，所以我们把色彩风格四象限图稍做修正，用柔和和强烈取代轻和重，可以得到温暖柔和、寒冷柔和、温暖强烈、寒冷强烈四种各具特征的风格（图3-23）。这样，在色彩风格四象限修正图中，我们可以看到以下延伸出的几种感觉。

温暖柔和风格：包括了可爱、休闲、浪漫等多种感觉；

寒冷柔和风格：包括了凉爽、休闲、自然等多种感觉；

温暖强烈风格：包括了活力、华丽、野性、古典等多种感觉；

寒冷强烈风格：包括了沉稳、绅士、正式、摩登等多种感觉。

其中，休闲、优雅、凉爽、自然、古典、浪漫风格处于四个象限的边界处，优雅风格处于四个象限的交叉处，位置不够明确，定位略显尴尬。

在四象限法的基础上，如果再加以修正，形成“九宫格法”来划分这个风格图，就能够消除上述的不足。

在冷暖的维度上，划分出“温暖、中性、寒冷”三个分区，在柔和与强烈的维度上划分出“柔和、鲜明、强烈”三个分区。

结合色调、明度与纯度以及冷暖的差异，划分为九个方位。依次是以下九种风格：

温暖柔和—中性柔和—寒冷柔和；

温暖鲜明—中性鲜明—寒冷鲜明；

温暖强烈—中性强烈—寒冷强烈。

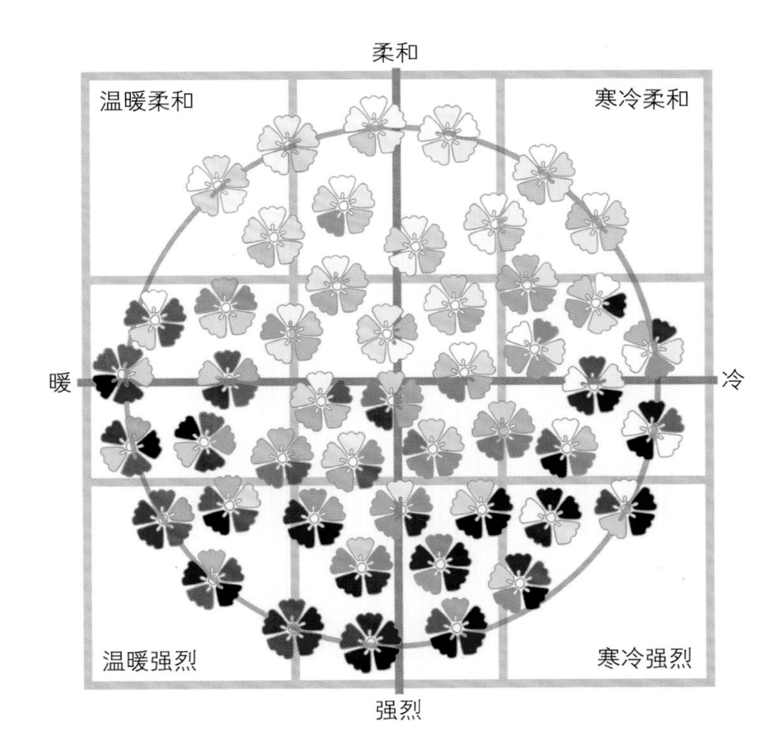

图3-23 色彩风格九宫格图

三、色彩风格类型分析

1.温暖柔和风格

该风格色调明亮浅粉，略带暖意，明丽、温馨、朦胧、微妙，具有明显的“可爱温柔”的属性，适合甜食、儿童用品、少女用品和内衣的色彩应用。在服装配色上对应以下两种类型。

（1）女童装的“单纯甜美型”（图3–24），呆萌、天真，柔软、娇嫩，日系用色中粉红和白色的组合很有代表性，Hello Kitty可以做这种风格的代言人。

（2）少女装的“天使萝莉型”（图3–25），可爱、无害，常常穿着性感的超短裙，化着成熟的妆容但又留着少女的刘海儿，在成年女性中也很有号召力，后逐渐演化成日本“瑞丽服饰”风格的一种。

2.温暖鲜明风格

该风格色调华丽鲜艳，性格分明，温暖、开放、活泼、时尚，具有明显的“华丽奔放”的属性，适合快餐食品、青少年装、运动装备和儿童玩具的色彩应用。在服装配色上对应以下两种类型。

（1）表演类服装的“夸张创意型”（图3–26），鲜明、大气，活力四射、不甘平庸，荧光色以及金、银、黑、白都是常用点缀色，很多网络红人喜欢这种风格，令人过目不忘。

（2）青少年装的“街头涂鸦型”（图3–27），张扬、随性，常用高刺激性、高纯度的流行指标色，夸张的撞色、浓艳的彩妆、动感不羁的气质，是引人注目的时尚靓点。

图3–24　单纯甜美型

图3–25　天使萝莉型

3.温暖强烈风格

该风格色调浓郁奢华，尊贵、热忱、低调、稳健，有时民族韵味浓重，有时隐隐透露野性，具有明显的“奢华怀旧”属性，适合隆重聚会、高端地产宣传、民族文化创意产品及高档礼品包装的色彩应用。在服装配色上对应以下两种类型。

（1）民族庆典华服的“古典尊贵型”（图3-28），庄重、大气，大红、酒红、金色、黑色都是常用色。这个色系风格的经典唐装、旗袍、改良民族服装、小礼服等较为常见。

（2）日常休闲装的“摇滚朋克型”（图3-29），深沉、激越，带有厚重的金属色质感，标志着对现状的不满。主体色为黑色、褐色、牛皮棕，夹带着少量的高纯度亮色点缀。

4.中性柔和风格

该风格色调清亮平和，柔和、纤细、低调、朴素，现代感较强，具有明显的“浪漫舒适”的属性，适合文艺贺卡、雅致家居、中性化妆品和卫生用品的色彩应用。在服装配色上对应以下两种类型。

（1）气质女装的“浪漫文艺型”（图3-30），亲切、妩媚，粉紫、薄荷绿、部分“莫兰迪高级灰”是常用色，强调女性化风格，柔美化、繁复化，略带矫揉造作，细腻柔和的洛可可服装可以作为代表。

（2）通勤女装中的另类“自然休闲型”（图3-31），有别于正式职业女装的严谨，具有轻松而不懒散的气质。低调的褐色、米色、驼色、浅绿色和明亮灰色的搭配较为常见，知性、随和。

图3-26 夸张创意型

图3-27 街头涂鸦型

图3-28 古典尊贵型

图3-29 摇滚朋克型

图3-30 浪漫文艺型

图3-31 自然休闲型

5. 中性鲜明风格

该风格色调端庄明朗，对比适中，含蓄、内敛、高雅、自然，具有明显的“优雅精致”的属性，适合中青年年龄段、具有成熟稳健气质的时尚用品的色彩应用。在服装配色上对应以下两种类型。

（1）轻奢型淑女装的“优雅知性型”（图3-32），文静、高雅，中性灰以及少量的高低明度色都可以达到理想的搭配，带有轻微复古意味的精致格调，优雅有内涵。

（2）淑女类居家服的“田园森女型”（图3-33），崇尚自然主义而反对华丽雕琢。主打纯棉质地，常有小方格、条纹和怀旧碎花图案，色彩在整体上中性温和而局部带有中等对比，浪漫而乐观的感受迎合了现代都市人回归自然的心理需求。

6. 中性强烈风格

该风格色调硬朗沉郁，对比较弱，严肃、细密、神秘、炫酷，具有明显的“古典厚重”的属性，适合中青年男士用品、具有男性风格的女性用品、艺术家气质的个性用品以及高科技时尚用品的色彩应用。在服装配色上对应以下两种类型。

（1）个性休闲装的“时髦解构型”（图3-34），叛逆、独立，暗黑的低纯度低明度色形成主色调，具有强劲的统摄力，其他跳跃华丽的色彩都无法打破它的凝重气场。

（2）经典套装的“严肃正式型”（图3-35），冷峻、严肃，带有古典感、绅士感，暗示着技术性和专业性。女性为获得职场尊重，也会主动穿着这种果断、强硬、略带霸道风格的服装。

图3-32　优雅知性型

图3-33　田园森女型

7.寒冷柔和风格

该风格色调清爽简约，透明、冷静、干练、礼貌，具有明显的“清新宁静”的属性，适合夏季饮品、青少年用品、学生装、办公室装潢等的色彩应用。在服装配色上对应以下两种类型。

（1）青少年装的“青春学院型”（图3-36），斯文、知性，主色强调严肃与活泼并存，标志性的单品——白色衬衫与藏青色的针织背心是经典搭配，色彩上的明度鲜明、纯度几乎就是“禁欲系”的代表，带有活力与睿智的双重特征。

（2）职业休闲装的“职业通勤型”（图3-37），纯净、科技，追求简单高效的功能，尽量减少不必要的细节，在材料方面寻求平整光洁、速度感，色彩上多采用单纯的冷色、冷灰色，北欧极简主义风格是它的具体表现，有时会有小的性感细节体现。

8.寒冷鲜明风格

该风格色调强烈鲜明，冷峻、明快、严谨、稳健，具有明显的“中性率真”的属性，适合高端酒品、文化产品、工业品、校服等具有端庄感或高冷感的产品的色彩应用。在服装配色上对应以下两种类型。

（1）现代女性气质的服装“都市中性型”（图3-38），大气、干练，明暗对比清晰有力，冷调鲜明，彰显时髦、中性的搭配感和设计品味。喜欢穿中性服装的人，性格坚强独立，推崇自由与理性、有主见。

（2）青年休闲装的“冷峻未来型”（图3-39），强调幻想和英雄主义，简

图3-34 时髦解构型

图3-35 严肃正式型

图3-36 青春学院型

图3-37 职业通勤型

图3-38 都市中性型

图3-39 冷峻未来型

单、纯粹，黑色、蓝色以及拉丝不锈钢的冷调亮灰等金属色与细条格纹是常见的运用，通常删除多余的装饰和可有可无的色彩，感官上直线块面，思想上更为脱俗，现代感很强。

9.寒冷强烈风格

该风格色调朴实持重，浓重、暗沉、坚毅、独立，具有明显的“正式摩登”的属性，适合传统首饰腕表、经典藏品包装、科技型企业广告、科幻特征显著的产品的色彩应用。在服装上对应以下两种类型。

（1）带有成熟稳健、优雅摩登标签的服装“古典民族型”（图3-40），从事的职业具有一定的文艺属性，注重仪表和内涵，喜好暗黑冷色系的传统轻奢风格，追求潮流不排除复古，衣冠楚楚却反传统，具有儒雅和傲慢的矛盾特征。

（2）具有坚定意志和力量的服装“工业复古型”（图3-41），冷酷、沉着，低纯度低明度的冷色可使工作者专心致志，平心静气地处理问题，凸显女性刚性的一面。通常为寒冷暗浊的色彩风格，整体感觉素雅沉静，不经意间流露出领袖气质，增加了距离感，减少了亲昵感。

图3-40 古典民族型

图3-41 工业复古型

第三节 服饰色彩调和技巧

用色彩风格九宫格法区分色彩的色调与风格，只是“色彩风格四象限法”的一个延伸，面对丰富多变的色彩风格，还可以进行更细致的区分。

对色彩风格的不断细分，主要是为了精准地对应消费者的个性化需求，指导设计师运用大数据思维来挖掘、分析小规模用户群体的个性化行为习惯和爱好，按照色彩风格的整体感受，运用色彩调和的技巧，设计出更符合用户“口味”的色彩产品。

一、色彩调和的概念

色彩调和，主要是指在服装配色中两种或两种以上排布无序、调性含混的色彩经过处理，使之统一和谐地组织在一起，在视觉和心理上满足穿着者、观看者的平衡需求。

做好色彩调和有没有法则可以遵循?

应该是有的。经过漫长的审美经验积累阶段，从19世纪后半期开始了色彩调和法则的近现代研究。

两个颜色放在一起，尤其是反差强烈的对比色、互补色，一定会产生剧烈的视觉反差和冲突，让人看起来不舒服。这就需要色彩设计师利用各种技巧加以处理，寻求“既不过分刺激、又不呆板单调”的整体感。所以，色彩调和之美，与形式美法则的“变化与统一”有明显的共通性。

色彩调和的美感，是根据前人的经验总结出的指导性原则，是大部分消费者色彩审美需求的反映，很主观也很感性，因而受到大多数人的认同。但这种原则却往往受到少数时尚先锋的反对，这也可以解释为什么时尚的色彩搭配经常会出现“反”（anti–）[1]调和的配色效果。

出于色调舒适美感的考虑，调和色彩的工作要以色相、色调为基准进行。从色相入手调和色彩，必须熟练使用色相环；从色调入手调和色彩，首先要熟练掌握色调图或风格图。

法国色彩研究专家、化学家谢弗勒尔（M.E.Chevreul，1786—1889）在《关于颜色和调和的法则》一书中提到把色彩调和的概念分为“类似调和”和“对比调和”两大类，遵照这个想法，对照颜色在色相环或者色调图上的位置

[1] anti–：作为英语的一种构词前缀，意思是反、反对、对立、防止等，特指打破规则的批判态度。在设计界，反设计（anti–design）、反时尚（anti–fashion）是普遍存在的创新主张，甚至已带有了明显的商业化痕迹。

关系，可以把色彩调和的类型分成：色相类似调和、色相对比调和、色调类似调和、色调对比调和。

仔细想一想，我们会发现：色相调和与色调调和是密切相关的。如红色调，它既可以反映色相也同时反映着色调。但是，暗浊色调却很难反映色相。显然，色相调和更专注于对色相简单、色调也简单的色组进行调和。一旦色相数量增多，色相关系也复杂了，就只能用其整体的色调来抓大放小，进行调和处理了。

不管是哪种调和，其实质就是把过于一致的色彩区分出一些差别，把过于对比的色彩增加一些共同属性，达到“既不花哨、又不单调”的视觉效果。

二、单色调和

一个颜色有没有调和问题？有没有搭配问题？

当然有！单色效果简洁强烈、庄重正式，但是视觉上容易给人平板乏味、没有生气的印象。对单色进行调和处理，就是从单个色相出发，适当调整其明度与纯度，把一个颜色当成两个或者更多的颜色来用，形成相对丰富的明暗调、艳灰调，这是色彩调和的基础。

当然，在服饰配色中，比较常见的是双色调和与多色调和，这是研究色彩调和的主要内容。

三、双色类似调和

两个颜色，如果在色相、明度、纯度、调性上呈现一定的相似效果，共同因素比较显著而对立因素却不太明显，相对而言要实现调和比较容易。

需要注意，“类似调和”的类似，并不是仅指色相环上30°夹角范围内的类似色，而是可以放宽到更多的具有相似调性的色彩，如具有相同冷暖调子的中差色。

中国工艺美术的传统配色经验中有“红靠黄，亮晃晃”“红间黄，喜煞娘”的说法，说的是：红与黄虽然个性强烈，在色相环上距离不近（夹角约120°），但是因为有明显类似的暖色调而呈现类似调和，配色效果热烈统一、鲜明活泼，是一组常用的“配色好搭档”。

红色与黄色的搭配在生活中案例很多，例如：中国国旗是红黄配色；中国体育健儿的领奖服以及老百姓喜闻乐见的神话英雄孙悟空形象，常用红黄配色；西班牙国旗也是红黄搭配，他们喜欢的斗牛士服饰也常常用红黄配色（图3-42）。此外，中国国民大菜——西红柿炒鸡蛋，以及大量的商店招牌、超市促销海报等也是红黄配。不管在色彩生理、心理还是文化学上，甚至风水论，大众都对这组配色爱到深处。

然而，有些具有明显共同因素的色彩组，也会闹点不和谐的“小脾气”，最好不要放在一起搭配。如传统配色经验中有“红配紫，赛狗shi”“红配蓝，讨人嫌”的说法。如图3-43所示，红蓝、红紫、青紫、黄白等色组，在色彩明度上比较接近，视觉上容易产生边界混淆、调性污浊的印象。并且，它们彼此个性强烈，戏剧性较强，多见于超人、蜘蛛侠（图3-44）、美国队长等虚拟形象，在日常搭配中一定要慎重使用。

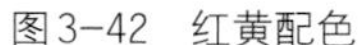

图3-42 红黄配色

图3-43 红紫配色

图3-44 红蓝配色——蜘蛛侠

四、双色对比调和

两个颜色，呈现对比的效果，共同因素比较少而对立因素却十分显著，实现调和比较困难。因而对比色、互补色的对比调和，是研究色彩调和的关键难点。

互补色，是最强对比色，性格迥异，放在一起显得鲜明、精神。如紫色和黄色、红色和绿色是两组互补色。传统配色经验中有“黄马紫鞍配，红马绿鞍配”“红离了绿不显，紫离了黄不显”的说法，说明互补色搭配用好了具有互相衬托、交相辉映的效果，但是用不好就会互相“掐架”。有一个著名的应用案例就是荷兰画家伦勃朗（Rembrandt）创作的《戴金盔的男人》。据说他在创作这幅作品时，曾经深陷苦恼：用各种方法调配都没有办法表现出金盔坚硬光亮、富丽堂皇的色感，最后他发现用接近黑色又略带暖调的紫色涂作背景，采用对比调和的方法反衬黄色，就可以画出“再也无法更亮”的金盔（图3-45）。

图3-45 黄紫配色

一般的，两个过于对立的颜色在一起，需要增加近似色或无彩色来缓冲；两个过于近似的颜色在一起，需要增加色彩对比来提神。所以，中国传统配色经验中也有“红要红得鲜，绿要绿得娇，白要白得净”❶的说法；在国外的应用中可以发现，当红和绿搭配在一起时，纯净的白色能够起到间隔、缓冲的作用，色彩效果浓郁新鲜，还带点清新（图3–46）。

五、双色同一调和

双色同一调和，是指在两个对比色或互补色中，分别混入同一种颜色（第三色），可以是有彩色也可以是无彩色，以增强共同因素，掩盖对立因素，可令强烈的色彩对比趋于缓和。

例如，绿色和红色是一组对比强烈的互补色，加入了同一明亮的灰色后，可以获得调和（图3–47）。

这个明亮的灰色就是共同因素，在色相基本不变的情况下，降低了纯度，提高或降低明度，都容易获得调和。共同因素越多，调和感越强。

六、双色互混调和

双色互混调和，是指两个对比色或互补色相互混入对方，造成“你中有我、我中有你”的效果，两个颜色的互相靠近，也突出了两者或多者之间的“趋同效果”。

例如，蓝色和橙色互相混入，形成蓝灰色和橙灰色，拉近了明度与纯度的反差，缩小了色彩性格距离，就容易获得调和（图3–48）。

有的时候，为了保持色彩效果的鲜明，会保留一个纯度较高的颜色，再附加一组互混的色彩效果，形成明晰的纯度对比，简单易行，很多运动品牌常用这样的手法，既是鲜明的，又有渐变层次。

七、双色秩序调和

双色秩序调和，依据色彩的某一属性如明度、纯度、色相或者面积等，对它们进行连续有规律的排列，形成一定

图3–46　红绿配色

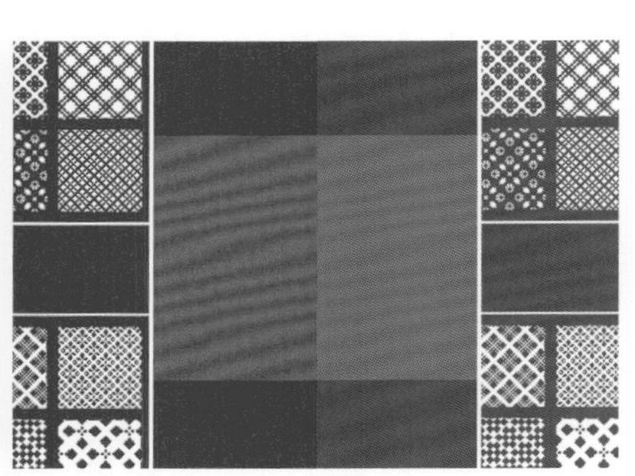

图3–47　同一调和

图3–48　互混调和

❶ 曾几何时，“红配绿”似乎成了约定俗成的穿衣搭配禁忌。不料民国时期的著名作家张爱玲却说：“现代人往往不喜欢古人的配色，红配绿，绿配蓝，看了俗气。殊不知古人在配色上，是有很高的造诣与完备的系统的。”如古代诗词“接天莲叶无穷碧，映日荷花别样红”“红了樱桃，绿了芭蕉”“红乍笑，绿长颦”“绿肥红瘦”都是赞美红配绿的，这是具有中国审美意蕴的经典配色。

的间隔秩序，容易产生流畅的旋律感和柔顺的节奏感。

黄色和紫色是一组对比强烈的互补色，在改变它们的面积形成渐变的秩序后排列，原本单一生硬的效果变得丰富、充满旋律感（图3–49）。

同理，当多组对比色经过秩序调和后，能够把本来的杂乱无章、自由散漫，处理得井井有条、统一调和。

图3–49 秩序调和

八、双色间隔调和

双色间隔调和，是指在两个对比色或互补色中间建立起一个中间地带（第三色）来缓冲色彩的对立。间隔色不会改变原有色彩的属性，只是把对比色机械地隔开，从而有效地缓冲色彩冲突。

例如，紫红和黄绿色也是接近色相环直径端点的强对比色，用金、银、黑、白、灰把它们隔开，比较容易获得调和（图3–50）。

图3–50 间隔调和

最常用、最有效的间隔色是无彩色系和极色金与银，在色相环上处于两个对比色中间位置的色彩也会有不错的间隔调和作用。

九、双色面积调和

双色面积调和，是指两个对比色或互补色出现冲突时，根据色调内容进行面积调控，形成大面积的主导色和小面积的辅助色、点缀色，从而获得调和。

面积均等的色彩放在一起，力量均等、冲突感强，调整其面积就是加强一方、削弱一方。色彩面积调和也不改变原有色彩的属性，只是依靠大面积对小面积形成色彩量感上的优势（图3–51）。

图3–51 面积调和

面积悬殊越大，色相调性越明晰，调和感越强。处理面积调和时，一般会选用70：25：5（主导色：辅助色：点缀色）的面积比例。

十、双色反复调和

双色反复调和，是指把两个对比色或互补色处理成较小的单元，用单元进行反复排列，从而获得调和。

图3-52 反复调和

图3-53 聚散调和

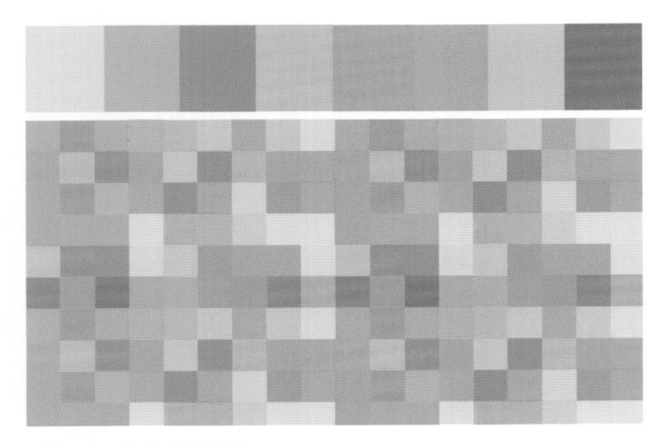

图3-54 多色类似调和

反复调和是通过缓和对立色组的面积对比来获取色彩调和的方法。如图3-52所示，左上角是一块由红、绿、蓝、橙互补色组构成的图案，绿色、橙色时不时跳入眼帘与红色、蓝色形成冲突；还是用这块图案，在缩小后进行方格状（四方连续）的反复排列，红绿冲突大大减弱，效果比较和谐。究其深层原因，还是色彩的中性混合（参见本书第二章第二节）在起作用，面积足够小的色块，彼此在人的视网膜上形成了“互混调和”。

十一、双色聚散调和

双色聚散调和，是指两个对比色或互补色出现冲突时，改变其聚散程度，一方加强聚集，一方加强分散程度，同样是形成优势色块的压倒性优势，使整体画面比较容易调和。

如图3-53所示，红绿强对比，经打碎后重新排列成波普图案，改变了色点聚散关系，视觉效果统一了。在服装配色中，均匀分布的波点与互补底色也会形成强烈冲突，这时可以通过聚散调整，区分出层次，获得调和。

双色调和是多色调和的基础，双色调和的技巧在多色调和中依然有效。

十二、多色类似调和

三种以上色彩搭配称为多色配色。多色配色包含：同一色相多色配色、同一色调多色配色和自由色彩多色配色。

显然，前两种配色具有较多的共同因素，整体协调感强，相对简易。而一组三个以上的颜色，彼此没有特定的调性关联，要糅合成和谐的色彩整体，才更有研究价值。

其中，多色类似调和，在明度、纯度和色相三要素中相似属性占据主导，设计师只要插入少量的对比色点缀，就能够获得平和、稳健、丰富的色彩效果（图3-54）。

十三、多色对比调和

对于大多数设计师和消费者而言，对于两组以上对比色、互补色同时出现的多色对比调和，会觉得调和难度很大，没有把握。很多服饰色彩研究者给出了服饰配色“头色不过四，身色勿过三”的口诀，即使不出彩也不容易出错，这是一种安全、保险的做法。

然而困难永远不会阻挡人们对于复杂色彩美的追求。梵高在1888年创作了《夜晚的咖啡馆》，同时出现了紫+黄、绿+红、蓝+橙等三对互补色（图3-55）。

按照中国传统配色经验中“紫是骨头绿是筋，配上红黄色更新”的经验，这种多色对比调和才是最精彩的。虽然紫、绿配色与蓝、紫配色一样存在明度接近和色调含混的缺陷，但经过红、黄、橙色的辅助和点缀，获得了活跃丰富、熠熠生辉的色彩效果。

在服装与服饰设计舞台上，从来不缺少善于调配众多强烈对比色彩的“魔术手”，例如老一代的伊曼约尔·温加罗（Emanuel Ungaro）保罗·史密斯（Panl Smith）以及更多的年轻潮牌设计师等，他们不断地挑战“身色不过三”的经验，用令人无法拒绝的多色对比来装饰服装与服饰。具体来说，多色对比调和手法主要是两种：一是几个过于对立的颜色在一起，需要增加近似色来缓冲；二是几个过于近似的颜色在一起，需要增加对比色来提神（图3-56）。服装配色时采用多种手法将强互补色统一在舒适安全的视觉感受中，就能形成“主辅分明、恰到好处”的美好效果。

图3-55 复杂的多色对比调和

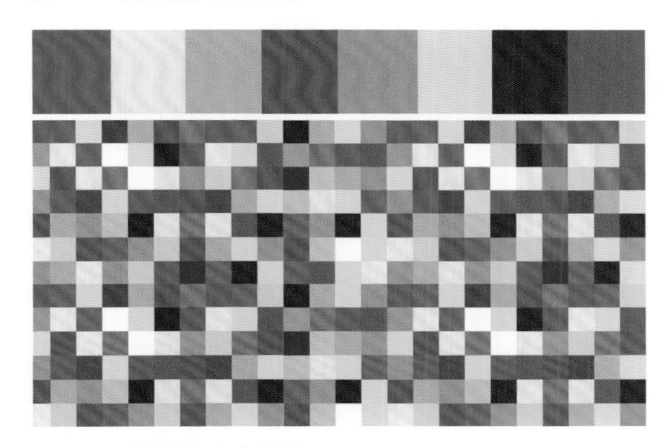

图3-56 多色调和之对比调和

总之，“色多不繁，色少不散”的传统配色经验概括了色彩调和技巧的精髓：对比色或类似色的多色彩关系经过有效组织，能够达到多而不乱的效果。服装双色、多色调和的效果图如图3-57～图3-65所示。

图3-57　同一调和效果图

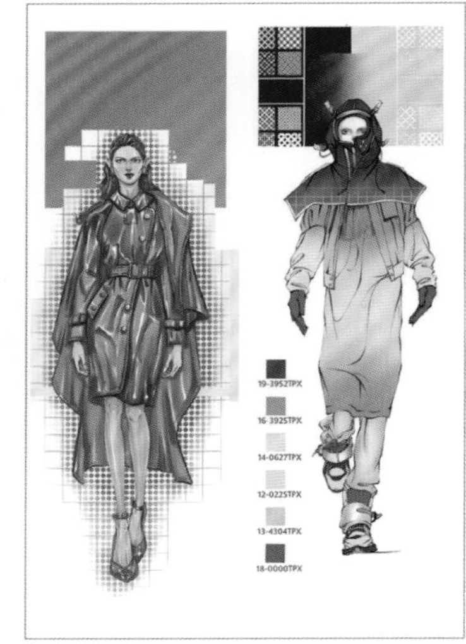

图3-58　互混调和效果图

图3-59　秩序调和效果图

图3-60　间隔调和效果图

图3-61　面积调和效果图

图3-62　反复调和效果图

图3-63 聚散调和效果图

图3-64 多色类似调和效果图

图3-65 多色对比调和效果图

第四节 服饰色彩形式审美原则

一、色彩形式美的概念

形式美，指客观事物外观形式上的美，它是从自然生活与艺术创作中提炼出来的各种美的形式要素，以及这些要素组合以后形成的美的规律。

在发现美、创造美的漫长过程中，人类不断地探索和掌握各种感性质料因素的特性，从具象到抽象，在各种差异化的美的形式中概括出了具有规律性的审美经验，这些经验带有普遍性。构成形式美的感性质料因素主要是色彩、形状、线条、声音等，而形式质料因素的组合规律就是“形式美原则”，一般有：

“均齐与参差，对称与平衡，比例与尺度，主从与重点，过渡与呼应，稳定与轻巧，节奏与韵律，渗透与层次，质感与肌理，调和与对比，黄金分割律，多样与统一。”

关于造型形式美的研习，在大学设计教育中一般是通过“平面构成”课程来完成的，在“色彩构成”课程中既要聚焦于色彩的调性，又要重视色彩在形状的帮助下达成各种形式美的表达方式。

可见，色彩形式美原则并不是新的设计理论，它只是探讨形式美原则对色彩设计的影响，以及如何在色彩设计中贯彻形式美原则的问题。关于色彩形式美的研究，可以帮助色彩设计师培养对色彩美的敏感，在创作中灵活地运用色彩形式美，最终获得色彩美的形式与内容的高度统一。

二、色彩形式美之“对称”

对称（Symmetry），指三维的客观物体或者二维的视觉图形依托对称轴在大小、形状和位置排列上具有一一对应的关系，称为轴对称；如果一图形围绕着某一点旋转，转过一定角度后与另一个图形重合，这两个图形就形成中心对称。

当相同或近似的色彩形体出现在对称轴两侧或者中心点的四周，在物理体量和位置上形成一一对应，就是色彩对称。

色彩对称是对形状对称的加强，同样具有端庄稳定、略带呆板的特征，使用时可以做一点局部的变化（图3-66）。如果色彩的明度、纯度差异过于明显，即使大小、形状和排列是对称的，整体的对称效果依然会大打折扣。

三、色彩形式美之“均衡”

均衡（Equilibrium），是和对称对应存在的审美原则，指画面中虽然没有明显的对称轴和对称元素，但是分量感上是趋于平衡状态的。

色彩均衡体现在它的位置分布、形状大小、纯度强弱、明度轻重上没有等形等量的严格要求，但在形状虚拟对称轴两侧或者和对称中心点的四周，存在力学上的大体均等与抵消。与对称相比，色彩均衡也具有视觉上的稳定和舒适特征，但更灵活、更富有变化（图3-67）。

四、色彩形式美之“对比”

对比（Contrast），是两种或者两种以上造型元素通过比较，相互增强自身特征，从而在视觉上形成比较鲜明的刺激，如直曲对比、粗细对比、大小对比、疏密对比等组合。

色彩对比则是具体到色相、明度、纯度、面积、冷暖等差异，在空间或者时间上存在比较，相辅相成，促使各自的色彩性格更加鲜明突出，通过对比获

图3-66 色彩对称

图3-67 色彩均衡

图3-68 色彩对比

得主从与强调，或者是冲撞和张扬。色彩对比具有层次丰富、强烈鲜明、生动刺激的特征（图3-68）。

五、色彩形式美之“主从”

主从（Primary and secondary），是造型元素对比之后产生的力量差异。

处于对比状态的色彩组合，有一方在视觉体量上占据了面积、位置或强度上的优势，就成为起支配作用的“主导色”，其他色彩降级为“辅助色”，构成了色彩的“主从关系”。

主导色一般被使用在重要的主体部分，对服装设计形成整体的色彩主色调和流行色主题。色彩主从，具有统摄、定性、主导的特征（图3-69）。

六、色彩形式美之“强调”

强调（Emphasis），是指在整体搭配中最引人注目的造型元素，被处理成聚焦视线的状态，成为被突出的设计亮点。

色彩是实现视觉元素强调效果的有力工具，在个性有强有弱的色彩组中，强势色彩的视觉优势被集聚和放大，形成整体色彩效果中的局部强调，进而形成层次分明的色彩次序。作为视觉的引导，装饰部位的色彩选择特别关键。

色彩强调，具有彰显、刺激的特征（图3-70）。

七、色彩形式美之“点缀”

点缀（Intersperse），在汉语中主要是指大面积衬托之下的局部装饰。

人们常说万绿丛中有一点红“点缀”其间，其实这种效果被描述成“强调”会更恰当。在视觉设计中，点缀具有造型元素数量庞大而形体微小的意味。色彩点缀常常是在大面积的整体色调中，有数量较多的点状色彩充当“点缀色”，不会与主导色对立，但是色感得到了丰富。

色彩点缀具有活跃、耐看、微调节的特征（图3-71）。

图3-69 色彩主从

图3-70 色彩强调

图3-71 色彩点缀

八、色彩形式美之“节奏”

节奏（Rhythm），是指把多种造型元素加以排列和组织，构成强弱反复的规律性整体。

色彩节奏特指一组具有明显反差的色彩在时空上的周期性出现，形成色相、明度、纯度节律和心理上强弱、轻重、软硬、冷暖的排列与变化，使平淡的色彩面貌显得活跃。

色彩节奏具有秩序、起伏、律动的特征，其中包含了大量的反复排列，这是识别色彩节奏的主要标志（图3-72）。

九、色彩形式美之“渐变”

渐变（Gradient），是某种造型元素的状态和性质按照一定的顺序发生逐渐变化，形成一种递增或递减的阶段性效果。

色彩渐变是最有韵律美的形式，指颜色有规律地按照一定幅度递增或递减，逐渐转变为另一种颜色的连续过程。色彩渐变能产生由强到弱、由明到暗、由艳到灰、由冷到暖等规律性的韵律感。

色彩渐变具有柔美、平和、悠扬的特征（图3-73）。

十、色彩形式美之“呼应”

呼应（Echo），是指文艺作品中常见的有因有果、有始有终、互为关照、构成系统的创作手法。

色彩呼应主要是色彩在布局时不是孤立出现，而是在不同空间如上下、前后、左右、里外等位置反复出现，可以是一对一的“遥遥相对”，也可以是一对多的“一呼百应”。

色彩呼应能够引导、贯通观看者视线，具有协调、完整、统一的特征（图3-74）。

十一、色彩形式美之“层次”

层次（Arrangement），是指视觉系统在结构或功能方面的等级差异。造

图3-72 色彩节奏

图3-73 色彩渐变

图3-74 色彩呼应

型元素在自身属性和相互关系上，存在被观看者先后关注的秩序，形成了丰富耐看的层次效果。

色彩的进退感是诱发色彩层次审美的主要原因。色彩的艳浊、冷暖也会影响色彩层次的数量和强弱（图3-75）。

色彩层次的多少并不是评价优劣的标准。复杂的色彩层次具有丰富、厚重、奢华的特征；简单的色彩层次具有干练、爽利、现代的特征。

图3-75 色彩层次

十二、色彩形式美之总原则

色彩形式审美的诸多原则，最终会归结到一条总原则：变化与统一。变化与统一是自然和社会发展的根本法则之一。在哲学中，变化是绝对的，是局部的；统一是相对的，是整体的。

在色彩设计中，变化是寻求各部分之间的区别，注重的是色彩的差异性特征；统一是寻求它们之间的内在联系、共同点，注重的是相似性特征。所以变化元素多了，色彩会显得杂乱无章、缺乏和谐与秩序；统一元素多了，色彩会显得呆板乏味和缺少生命力。

变化和统一是“相爱相杀”的双子星，要判断整体色彩是不是恰当，目前主要靠主观感觉和经验，定性比较容易但是定量比较难，因而有一定的实际操作难度。在服装服饰色彩设计中，涉及礼仪服装、舞台表演服装、运动类服装和部分休闲时装等设计时，配色重点会倾向于变化多于统一；大部分的日常服装、职业套装、职业工装等的设计配色，多倾向于强调统一的感觉。

近年来，以“平和纯净、回归本源”为特征的色彩风格被大多数人所接受，甚至越来越多的人出于环境保护等社会原因，开始推崇“反色彩设计”。反对滥用彩色，成为色彩设计师必须考虑的消费价值观。虽然在本书中选用的配色调和案例，比较多的是斑斓绚丽、层次丰富的多色相配色效果，实际上在时尚舞台上色彩统一因素普遍多于变化因素：多色对比与撞色设计的应用远远少于单色设计，也少于“服色不过三”的简约色彩设计。

总体上说，“大体统一与微妙变化”是设计师搭配色彩时必须熟记的最基本准则。

第五节 服饰品色彩搭配技巧

一、色彩搭配的概念

广义的服饰，是指用于装饰人体的服装与服饰品的总称，包括了服装、鞋、帽、袜、手套、围巾、领带、箱包、伞具、首饰以及发饰甚至假发、眼镜、纽扣等林林总总的细分种类；狭义的服饰，则会把服装排除出去，单指服饰品。

服饰品的种类分得很细，彼此之间的差别很大、各有特色。有的饰品和服装关系密切、材料相似、融为一体，如围巾；有的则在形式结构、工艺材料上与服装差异明显，如首饰、眼镜等。这一类的服饰品，色彩就是它唯一能够与服装融合的视觉属性了。

除了当作披肩使用的围巾和打开的伞具以外，大部分饰品的体量、面积都比较小，如领带、首饰、腰带等，色泽宜强烈、突出，适合当作素色服装上的鲜艳强调色、点缀色，成为视觉焦点来吸引观赏者的目光。

另外，大部分饰品的使用在空间上和服装是保持一定距离的，如帽子、鞋子、袜子、手套、箱包等，它们的色彩具有改变服装长宽比例、扩展装饰部位、丰富服装整体色彩的作用。其用色一般表现出与服装主要色彩相似或者相反的特征，称为“相似律”和“相反律”。

所谓“相似律”，是指从服装用色中提取一种或几种颜色，色彩相同，或者略微调整其纯度、明度，衍生出一个类似色，进而进行色组搭配。这种色彩效果柔和细腻、自然和谐，被大多数成熟、理性的消费者所喜爱，如图3-76左侧所示。

而“相反律”的使用有以下两种情况。

一是指遇到鲜艳对比的服装用色，要反其道而行，搭配上沉着稳健、低明度、低纯度的浊色服饰品。如果服装与服饰品的色彩都很鲜明，往往会导致视线流向的混乱和冲撞，失去视觉重点，产生不舒适的观感。

二是遇到素雅、暗沉的服装用色，可以尝试搭配对比色相、高纯度的艳色服饰品，组成对比鲜明的配色组合。这种服装整体的色彩效果比较沉稳，但是举手投足总有一些部位热烈活泼，显得个性张扬、不甘平庸，受到很多时尚发起者的钟爱，如图3-76右侧所示。

二、色彩搭配的内容

1.帽饰的形式与配色

中国自古以来就是礼仪之邦，男子成年时要举行冠礼，衣冠齐整的仪容才算是得体，可见“首服”在我国民族文化心理中具有重要的地位。古代的首服，分为巾、帽、冠等形式，具有不同的用途：扎巾是为了便利，戴帽是为了御寒，都是出自实用的目的；戴冠，则是为了装饰和礼仪。

现代生活中，餐厅服务员佩戴的头巾保留着便利的功能需求；秋冬的各种针织、毛绒帽子主要是为了保暖御寒，夏天佩戴的太阳帽是为遮阳防晒；战士、建筑工人、运动员、骑车者的头盔，是为了安全防护；我国少数民族地区至今还保留着大量的头饰，如苗族、瑶族、蒙古族、塔吉克族、撒拉族等，主要是为了彰显民族个性以示区别。

在正式场合佩戴的帽饰，多半是为了装饰和礼仪的目的。例如，在至今已经有二百多年历史的英国皇家赛马会上，女士们展示的千姿百态的帽饰已经成为约定俗成的时尚传统项目（图3-77）。

正因为实用、装饰与礼仪等多种功能需求的普遍存在，帽饰有了宽檐帽、棒球帽、贝雷帽、针织帽、爵士帽等多种常见形式，体量可大可小，制作用材也是相当自由，在图案和配色上与服装的搭配非常整体（图3-78）。

图3-76 饰品配色的相似律与相反律

图3-77 英国赛马会帽饰盛会

图3-78 丰富的帽饰配色

一般来说，作为与服装关联最为紧密的服饰品，帽饰的色彩通常会按照“相似律”的原则，在服装配色中选取一到两种，形成服装色彩与服饰品之间的空间呼应和面积对比。

当然，服装设计师刻意摆脱“相似律”，利用帽饰来强调色彩的流行指标色，或故意和服装色彩形成冲撞对比的例子也是屡见不鲜。

2. 足饰的形式与配色

足饰，主要指鞋和袜子。鞋袜附着于人的足部，而足部是人类直立行走、区别于一般动物的重要标志。所以，足饰的使用历史很长，一部鞋袜史就是一部人类文明史、文化史和流行史，木屐、马靴、花盆底、弓鞋、云头靴、楔形跟、洞洞鞋都是不可绕过的文化存在。

鞋与人足部的配合非常紧密，其舒适功能性一直是非常重要的评价标准。直到当代，鞋子作为不可或缺的时尚单品，依然需要强调装饰性与功能性并重。今天的鞋子具有非常多样的形式：按功能分，有皮鞋、皮靴、运动鞋、凉鞋、拖鞋等；按穿用对象分，有男鞋、女鞋、童鞋等；按季节分，有单鞋、夹鞋、绒鞋、凉鞋等；按材料分，皮质、人造革、织物的使用率都非常高；按工艺分，有缝绱鞋、注塑鞋、编织鞋等。现代女性钟爱高跟鞋，它能够很好地体现优雅时尚或风情旖旎；也有女性喜欢穿着夹趾凉拖，显得怡然自得；而穿着平底板鞋，显得青春文艺；穿着运动跑鞋，显得热烈活泼，很适合业余时间里休闲或锻炼的场景。

图3-79 色彩丰富的袜子

袜子是重要的足部装饰品，有时会延伸到腿部，因而造型上包括了裤袜、长筒袜、吊带袜、中袜、短袜、浅口船袜等。从材料使用上常见棉纱袜、毛袜、丝袜和各类化纤袜（图3-79）。

在鞋袜配色时，一般选择明暗层次细腻的类似色、中差色来进行搭配。服装色彩浅一些，那么鞋袜色彩就深一些，不仅保险而且显得和谐高雅；中性色的鞋袜如黑色、麻灰色、驼色、藏青色、肉色都是很好的“百搭色”，还比较耐脏；遇到不甘平庸的时尚爱好者，则会选择水果色、对比色搭配；还有左右不同颜色的鞋子和袜子的穿法，虽然未必和谐，但对整体服装色彩效果的点缀调动作用不容小觑，非常符合年轻消费者的时尚主张（图3-80）。

3.包饰的形式与配色

收纳携带物品是人类自古就有的日常需求，包袋就是对所有能够收纳携带物体的袋子的统称。今天，包袋收纳功能依然还在，装饰作用和时尚意义更加明显，所以合称为“包饰”，并延伸到各种箱式包袋、便携式工具箱、旅行箱等。

在形式上，包饰的分类比较多样，按使用者的性别分为男包、女包；按用途分为旅行包、运动包、公文包、书包、电脑包、钱包、休闲包、购物（包）袋、摄像包、医用包、化妆包等；按使用方式可分为手（拿）包、手提包（箱）、单肩包、斜背包、双肩包、腰包、拉杆箱（包）等；此外“信封包”、迪奥的“戴妃包”、芬迪的“法棍包”都是经久不衰的长销款。

随着社会发展和购物时尚的变化，包饰材料也呈现多样化，常见的有真皮（牛皮、羊皮、鳄鱼皮等）、仿皮（PU、PVC等）、织物（牛津布、尼龙布、帆布等）、植物纤维（草编、藤编、棕编等），也包括纸、金属、塑料等其他的材料。丰富的包饰材料同样带来了色彩的多样，本色、涂色、染色、印花等不一而足，给服装设计师和消费者带来更多的色彩选项（图3-81）。

色彩搭配时，包饰的色彩搭配和鞋子的选色搭配有不少类似之处，往往需要把包、鞋结合在一起综合考虑。包饰和服装的关联不是那么紧密，具有明显的风格个性和视觉独立性。例如，包饰使用硬质材料的机会明显多于鞋子，厚实硬挺的材料如皮革、PU革、金属配

图3-80　丰富的鞋袜配色

图3-81　色彩醒目的对比色包饰

图3-82 丰富的包饰配色

件在色泽上与服装色彩差异很明显，所以原则上是选择色彩趋同的“相似律”搭配，多以单色为主，像黑色、棕色、米色和红色等，流行度很稳定，如果根据流行色卡上的流行指标色进行设计，最好在服装上也有这样的颜色，形成呼应。如果包饰的色彩采用“相反律”，因为形式、材料色彩方面差异太明显，不容易体现出整体效果的协调和层次（图3-82）。

4.腰饰的形式与配色

中国早期的袍服大多不用纽扣，为了不使衣服散开，需要在腰部系上一根“大带”，这种大带就是今天腰带的雏形。古代腰带名目繁多，主要分为男用的“鞶带”和女用的“丝绦”，男用腰带多皮革材质，女用腰带多以丝帛制成。

现代生活中，腰带已经演变成包括腰带、腰链、腰封、系绳等在内的多种时尚形式，统称为腰饰。腰饰刚中带柔，对服装风格的塑造很有帮助，日渐成为流行市场的时尚焦点，而“本命年”的红腰带、“拳王”的金腰带、“跆拳道高手”的黑带……都有显著的文化含义。

在设计上，腰饰首要考虑的是佩戴的位置，其次是带的造型、材料与色彩三大要素。一般来说，佩戴腰饰的位置有三档：高腰位，标准腰位，低腰位。使用高腰位腰饰，会显得下肢挺拔，整体比较优雅；使用标准腰位腰饰，显得严谨庄重，在日常生活中运用比较广泛；使用低腰位腰饰，会显得随意、轻松，具有休闲气质。

造型上由细到宽，体量有别，多见条带式、链式结构，偶尔也会把两种方式结合起来使用，可以称为综合式结构。

在色彩上，腰带更多采用明显的色彩反差，色彩鲜艳醒目的腰带，对于素雅内敛的服装用色是很好的调节，具有点缀、提神的效果，能够快速有效地强调腰节的位置、调节原来色彩相对沉闷的效果，很受消费者喜爱（图3-83）。同时，改换位置，可以在服饰中形成更多样的带饰，如领带、肩带等。

而金、银、黑、白、灰色作为间隔调和法的重要工具用的更加普及，具有分割色块比例、缓冲色彩对比冲突的作用，时尚效力很显著。

当然，腰带的色彩也可以采用同类色的“相似律”来设计，虽然不是显山露水但是胜在微妙有趣，在发挥“统一中求变化”的调节作用时，调整了服装收腰的位置和廓型，对服装整体的比例效果有较大的影响（图3-84）。

图3-83 色彩醒目的高纯度色腰带

5. 围巾的形式与配色

围巾是女性围在头、肩、颈位置的装饰品，偶尔也可以装饰在手臂、腰部、臀部。一块足够大的织物，经过精心的设计后，配色效果突出、使用方便、兼具装饰和防风功能，是对服装配色的有力补充。

在形式上，围巾常见于女式头巾、围巾（领巾）、披肩、腰巾，也包括男士领结、领带等。形状以方形、长方形和三角形居多，也有各种特异的形状。

围巾的材料主要是丝绸、羊毛（绒）、棉麻，也不排除其他各种纺织面料。可以说，围巾基本上就是一小段纺织品，所以纺织品的所有色彩效果都可以方便地在围巾上得到呈现，比较适合数码喷印这种小批量个性化的色彩印制。

在围巾的配色设计上，单色和多色的效果都很普遍，所以它是一种表现风格最具变化性、最易于与服装融合的服饰品。

单色的围巾，有利于表现变化多端的折叠和系法，通过面料的光影形成丰富的层次感。其中，把它单独用作头饰、帽饰的时候，单色的头巾表现出简洁单纯、素雅高贵的气质，如新娘戴的

图3-84 丰富的腰饰配色

图3-85 特殊的围巾——新娘头纱

图3-86 丰富的围巾配色

婚纱头巾（图3-85）。另外，单色的头巾还带有庄严、神秘的美感，如回族女性的头纱、修女的头巾等。

一般来说，围巾色彩还是繁复鲜艳的略多一些。选择艳色围巾，装饰在颈部，在领口部位露出少量，形成色彩强调、点缀以及艳色调与灰色调的对比，整体庄重、局部透露出活泼与热情，突出了色彩流行感，这样的配色方法在空乘服务员、城市白领的制服色彩设计中比较常见。

如果把围巾当作披肩用，不仅可以适时保暖，更重要的是能有效地改变上下装的色彩面积、调整色调关系，让简洁单一的常规服装配色变得生动、多变，让复杂的色彩统一、整体，彰显时尚流行。甚至，偶尔可以直接把一条大面积的围巾当作一件结构简单的服装来考虑配色（图3-86）。

6.首饰的形式与配色

在距今四五万年的旧石器时代，原始人已经学会使用兽骨、石料装饰自己。到新石器时代，兽牙穿成的项链出现了，发饰也已经产生。封建社会，制作首饰的材料日益昂贵、工艺日益专业，贵稀金属和宝石成为主要材料并延续到今天，称为“传统首饰”。在重要场合如婚礼、庆典上，礼服、盛装基本上要与传统首饰相搭配。日常生活中，材料新颖、款式多变、色彩和风格都非常时尚的“时装首饰”方兴未艾（图3-87）。

在形式上，传统首饰四大件包括耳环、项链、戒指和手镯，除此以外还包括发饰、面饰、项圈、胸针、腰链、足饰等；时装首饰则更加广泛，涉及在人体各部位，如腮部、嘴唇、肚脐等处发挥装饰功能的“类首饰”装饰物。

传统首饰的材料主要是黄金、白银、铂

金等贵稀金属和有色无色的各类宝石，色彩较为稳定和单调。随着合成材料与工艺的研究进展，时装首饰用材已经涵盖金属、矿物、陶土、玻璃、竹木、塑料、橡胶、织物等几乎所有可能的天然与人造物料，色彩也逐渐变得五花八门，大大丰富了首饰与服装服饰色彩搭配的效果（图3-88）。

在配色上，贵稀金属的色泽一般是可以自由搭配的金银极色，陶土竹木等材料多采用天然中性色彩，相互配搭都比较协调、方便；宝石色彩虽然鲜艳透明、光效显著，但是因为体量较小，一般当作对比点缀色使用，对着装的整体色彩效果影响不会太大。

而需要特别重视的是时装首饰中的大型首饰，当合成金属、普通金属、塑料、橡胶、织物以较大的面积装饰于人体和服装时，会对服装的整体色彩形象产生非常大的影响。大多数情况下，要根据服装风格确定相适应的色彩，让首饰适合这种风格的配色需要；如果要用刺激的对比色，那么就可以在类似色、中差色中挑选主要色，少量搭配对比色活跃气氛，这样比较协调有效。

7.眼镜的形式与配色

眼镜是一种矫正视力和保护眼睛的光学工具，主要由镜架和镜片组成。关于眼镜的起源存在某些分歧，但是大规模使用目前的眼镜样式，则是近代以来的事情。15世纪，眼镜在西方受到了中产阶级、上层阶级的青睐，出现了优雅精美的金银框架眼镜。近代中西文化交流中，眼镜传到中国，一度成为文化

图3-87 以材料色彩见长的首饰

图3-88 丰富的首饰配色

人士的象征符号。今天的眼镜，一方面已经逐渐脱离文化符号成为常规日用品，逐渐稳定于固定镜架、双片屈腿的标准结构；另一方面逐步脱离功能用品成为时尚装饰，各大时装品牌如阿玛尼、香奈尔等都有专属的眼镜产品线，是时尚不可分割的一部分。

眼镜的形式设计主要集中在镜框的形状、镜腿的材料、局部的图形装饰以及镜片的色彩风格等（图3-89）。

在色彩上，纤细的金属色镜腿搭配无框透明镜片，显得专业知性；圆框黑边眼镜，显得儒雅复古；炫彩镀膜太阳镜，显得帅酷不羁；边框带有可爱动画形象装饰的卡通眼镜，显得俏皮活泼；夸张的时装眼镜，则是时装表达各种风格时必不可少的配搭品。

眼镜的色彩虽然体量较小，但是因为装饰在脸部，位置显眼、作用突出。

眼镜的色彩要和妆容色、发色、发饰、项链耳环等首饰色彩形成整体，强调头面部分色彩的完整感。这也是很多年轻人即使不近视不用佩戴眼镜，也会乐于尝试平光眼镜或者美瞳产品来改变脸部、眼部瞳孔色彩的原因（图3-90）。

归纳一下，服饰品配色的方法主要有：

图3-89 色彩时尚、质感亮眼的眼镜

第一，采用“相似律”，按照服装主体色，选择使用接近的色彩；

第二，采用“相似律”，从繁复的服装色彩中直接提取一至两个色彩使用；

第三，采用“相反律”，按照服装主体色选择使用对立相反的色彩；

第四，不考虑服装用色，直接采用金、银、黑、白、灰作为服饰品色彩。

服装与服饰品，构成了人体服装装饰的系统：在未来，局部的、单纯的服装设计，将被系统的服装与服饰设计所替代。也就是说，设计师需要全面地把握服装与服饰色彩的色彩效果。事实上，无论什么时间、什么场合，精美的服装配色都少不了服饰品色彩的帮助。哪怕是略显保守的服装只要配上色彩合适的服饰品，也会让人眼前一亮，魅力加分。

图3-90 丰富的眼镜配色

本章作业：服装配色与变调练习

1.具体要求

（1）根据前一章的研究对象与研究成果，提取一组典型的色彩形成比例调色板❶，对第一套服装进行色彩搭配练习。

（2）根据第一套服装的色彩调性进行自行变调（冷调变暖调、高纯度变低纯度、有彩色变无彩色……），分别表达4种不同的服装风格，如都市、运动、典雅、田园、民俗、波普等，并进行原有色标组和变调后的色标组的比较排列。

（3）选择其中一种色彩效果，自行选择材料，设计构思适当的方法，制作具有创新性的面料小样1件，面积10厘米×10厘米，需要用文字说明制作过程和工艺要点。

2.近年学生自拟课题参考（图3-91、图3-92）

图3-91　服装配色与变调练习作业示范1

---

❶ 调色板：色彩设计研究中一个很形象的概念，较早是由约翰·沃尔夫冈·冯·歌德（Johann Wolfgang von Goethe）在1810年发表的《色彩理论》中提出的。在一幅色彩灵感图或色彩实物实景中提取色样，排列整齐，就像画油画、水彩画时使用的调色板一样。如果只是简单地抽取色样，不考虑原图中色彩的比重，就称为“非比例调色板”；如果色样能够比较准确地反映每一种色彩的实际占比，就称为“比例调色板”。

图3-92 服装配色与变调练习作业示范2

思考题

①服装形象设计中“对比色相”的色彩调和方法有哪些？

②如何用色彩形式审美原则来评价设计师三宅一生的时装配色特征？

③什么是色彩搭配的“相似律”？什么是色彩搭配的“相反律”？

④如何理解服饰色彩形式美总原则？

MORS
WIOSENNY
MADAGASKAR
10
9

第四章

创造色彩：服饰色彩设计的创新

本章课程思政点

合作共赢，推动色彩文化营销的创新，服务中国需求：创新思维，创业潜质，职业规范，团队意识。

内容目标

创造色彩，主要介绍了服饰色彩设计的观念创新、技术创新、流行创新与营销创新。旨在通过实战性的思维启发和实践应用，让同学们了解服饰色彩设计与创新的意义和价值，把色彩嗅觉当成本能、把色彩原创当成准则、把色彩创造当成目标，创造技术、创造流行、创造理念、创造价值，成为执彩练而善舞的时尚色彩设计专家。

授课形式

课堂讲授，课外调研，小组讨论，交流点评

课时安排

20学时（总64学时）

第一节 概述

现代服饰设计师，面对的是当前与未来的生活方式，要革新与颠覆以往的生活方式必定要依托现代设计的思维创意与理论创新，借助应用科学的新技术、新方法，创造出不囿于程式的新产品。

色彩设计师不应局限于了解色彩、选择色彩和搭配色彩，仅仅能去市场选择面料并完成配色是不够的，而是要站在更高层面上审视服装服饰色彩与设计系统、设计模式、产品研发、产品服务、品牌价值之间的关系。

具体地说，色彩设计应当把创新看成其核心目标，把色彩观念创新、色彩技术创新、色彩流行创新、色彩营销创新看成为色彩创新设计的多层次内涵，用现代的色彩设计方法（理性的、科学的、动态的、计算机化的方法）去完善和提升传统的色彩设计方法（感性的、经验的、静态的、手工式的方法）。

第一，色彩观念创新：使用理性哲学、人文精神、前瞻思维，指导色彩设计创新，探讨如何用色彩设计引领未来消费者的生活态度与生活方式。

第二，色彩技术创新：集合科学与艺术、技术与材料等领域的最新研究成果，探讨如何对未来服装与服饰色彩的呈色技术带来革新式的进展。

第三，色彩流行创新：结合消费者求异、求新、求同的多样化消费心理，

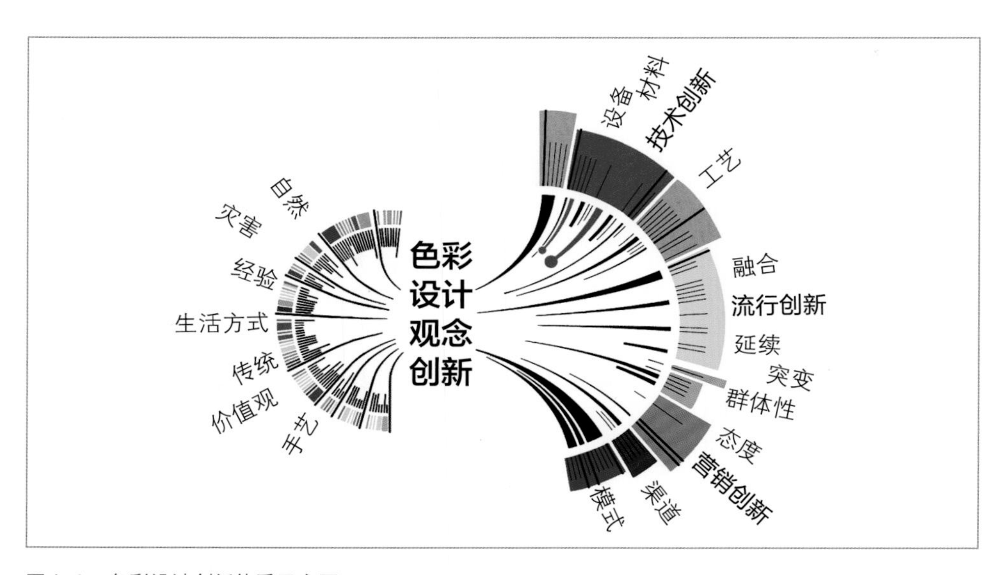

图4-1 色彩设计创新体系示意图

使用流行色工具，探讨如何加速时尚风格变迁、推动时尚面貌更替，激发消费者对色彩消费的强烈欲望。

第四，色彩营销创新：把品牌服装的色彩设计与规划创新作为重要的营销手段，探讨如何制定色彩营销方案、促进服饰色彩设计成果向客户端加速普及。

色彩设计的四种创新彼此关联、互为支持（图4–1）。

第二节　服饰色彩的观念创新

一、观念创新原理

每一件器物的生产与废弃，都需要正当的理由。每个产品的设计、制造、使用，都要全面地体现设计师的宇宙观、世界观、价值观。而今天的事实如下所述。

第一，工业化生产中大批量、低成本的生产与获利模式，促使企业和设计师故意运用设计技巧，用新产品加速替代老产品，鼓励消费者大量消费，导致传统生活方式加速瓦解，传统造物理念逐渐失去生存空间。

第二，空气、水体、光、废弃物等各种污染以及森林过度砍伐、全球变暖……时有发生的生态灾难严重地冲击着人类的生存环境。企业和设计师在生产的过程中使用大量不可再生资源如石油及其产品，同时产生大量难以降解的废弃物。

第三，生活便利性在提高，但是人类健康受到的威胁，短时间里难以消除，发生心理问题的人群规模正在扩大，传统的社会人际关系受到挑战，还有不少的社会弱势群体没有得到必要的人文关怀，紧急事件如交通事故、高楼火灾等发生时急需的公众救援服务有时还难以得到全面、及时的反馈。

第四，人工智能、云计算、大数据、区块链、计算机辅助系统、机器人和无人驾驶……科技在急速发展，对日常生活的渗透非常普遍与深入。就像美国科学家彼得・哈夫（Peter Haff）对"技术圈"的阐述那样：技术圈从根本上改变了生物圈，人类正在失去对未来生活的控制。

对于年轻的设计师来说，善待传统、善待环境、善待自身、善待未来，是必须秉承的设计观念。

观念先行，首先是设计师要有健康和先进的生活观念，然后是设计师通过自己的设计作品去传播这种观念，逐渐影响消费者的审美观和消费观，最终影响到他们的生活方式。纯手工生态环保面料莨绸在设计师天意梁子的推动下重焕魅力，给予了设计师很有价值的启发（图4–2）。

换句话说，色彩设计并不能孤立地存在，色彩设计师在进行色彩设计与创造的时候，同样需要努力去平衡"色彩设计与环境、经济、社会以及人类自身和谐发展"的关系。例如，以下一些需要思考的与平衡相关的问题。

能否在产品色彩呈现的每个阶段都对环境无损或低损，并接受有限制的色

图4-2　手工、环保概念下的莨绸生产技艺

图4-3　拼布艺术

彩效果？

能否通过色彩设计，减少消费者对功能正常的陈旧产品产生的厌恶情绪？

能否对准备废弃的产品实施简单的改造获得新的色彩效果而延缓废弃？

在不得不废弃的情况下，能否更多地采用可再生材料、可降解材料？

能否用色彩设计保护消费者心理健康与身体健康？

能否用色彩设计展示设计师对所有消费者都一视同仁？

能否用色彩设计为公众提供不可预知灾难时刻的重要服务或辅助服务？

二、观念创新案例：拼布设计

据权威统计数据显示，全球每年未消费即丢弃和消费后丢弃的纺织品废料总量以千万吨计，这个暗黑事实的背后是当下影响力超大的一种设计观：过度消费。设计是促进消费、加速更替的推手，甚至很多设计体现的就是“一次性消费”的观念——用过即弃。

在“设计之道”捍卫者看来，这样的设计观念需要立刻摒弃。挪威设计师彼得·奥普斯威克（Peter Opsvik）在1972年设计了一款名叫Tripp Trapp的成长椅，具有典型的北欧设计风格：简约大方、舒适安全。这款椅子最大的亮点是它能够自由调节高度，能够陪伴0～15岁的孩子成长，甚至满足成年人的使用要求，真正做到物尽其用。

对于服装设计来说，这个“终生有效”的概念实施起来可能会有更大的阻力，但是服装设计师还是可以在通过色彩设计延长其使用寿命方面大有可为：那些即将丢弃的服装，具有不同的色彩和肌理，如果把它们分割成不同形状和面积的碎片，重新拼合起来就会产生新颖的色彩拼缀效果——拼布（图4-3）。

其实，色彩拼缀效果在中国明代就

已存在，心灵手巧的妇女们用边角面料拼合成服装，叫作“水田衣”。当代拼布艺术在欧美和日韩诸国非常流行，在我国也有越来越多的爱好者。对今人来说，用现代色彩理论作为指导，结合先进的计算机辅助设计和制造，可以达到更为精细、复杂的色彩拼缀效果。

虽然色彩拼缀效果不是创新的，但是让日渐富裕、购买力旺盛的民众重拾“碎布拼缀成衣”的消费态度，却具有观念创新的积极意义（图4-4）。

色彩设计师如果关注、践行新的设计观念，改进传统纺织、印染技术，就可以创新出更多具有先进生活理念的新色彩。从全球范围看，以民族工艺和传统风格传承为主旨的观念创新充分体现了人们尊重历史、重视文化的精神需要，以及善待环境、善待未来的意识觉醒。

图4-4 日本“Boro”褴褛时尚

图4-5 颜料自由渗化的偶发效果

三、观念创新案例：偶发性色彩

工业时代的设计师大多采用归纳的方法来简化他们所看到的色彩世界。但是，在色彩实践中偶发的随机色彩却表现出更为自由的色彩效果和生命力。

在观察和分析了大量的色彩实践作品，如未经训练的原生态儿童绘画、陶瓷艺术和玻璃艺术的窑变温变效果、立体派和抽象表现主义的情绪色彩以及现代光电装置艺术的动态色彩创作后，结合自然界中大量存在的自然色彩现象，笔者提出了“偶发性色彩”[1]这一概念。

偶发性色彩是指在创作生成色彩时，因偶然因素的介入导致色彩产生自由生发的过程，呈现出的形象消散、分布不匀，层次错叠的开放性色彩现象。如在水彩画创作中，画家引导颜料随着水媒介的流动在纸面上自由渗化、交融，就是偶发性色彩效果的一种（图4-5）。

[1] 偶发性色彩：这一命名得到了来自于现代抽象艺术中的偶发艺术（Happening Art）的启示。偶发艺术，是指艺术家在特定的时空条件下，促进参与者表演临时生发的各种姿态和动作，以展示特定观念的艺术形式。这种艺术形式在20世纪60年代初盛行于欧美，具有偶然性和组合性的特点，重视不经事先设计、临时即兴表演、组合声响、光亮、影像和行为。

图4-6 光画艺术中的色彩随机生发效果

图4-7 中国彩墨画的扩散型偶发效果

偶发性色彩与偶发艺术有着天然的思想继承性又有着显著的差异性。偶发性色彩创新尤其强调：①色彩随机生发的结果；②色彩随机生发的过程；③色彩呈现过程中人为因素的介入；④区别于色彩归纳的色彩设计优化（图4-6）。

偶发性色彩的创新概念，与近代以来众多色彩研究者的研究思路是不同的。原有的研究都是致力于建立色彩量化管理系统，从色点中解析出色相、明度、纯度等色度学指标，并分析它们之间的关系。而偶发性色彩，更加重视普遍存在的“反归纳、反规律”现象，关注不确定的色彩效果，关注人的力量对这些效果的影响时机、影响方法，因而可以看作是对近现代色彩主流研究体系所存在的结构性缺陷进行了必要的补充。

偶发性色彩的表现形式非常多变，近年来随着新技术、新材料的发展，偶发性色彩借助于多媒体、新媒体产生了多样化图式语言。梳理一下，偶发性色彩大致可以分成四种类型。

1.扩散型偶发性色彩

扩散型偶发性色彩是指色料在水、调色油等媒剂的搬运作用下，进入纸质纤维或者纱线纤维的底材空间，由聚集到分散，常伴有不同色相的色点颗粒互相进入对方空间区域的渗化效果，形成色彩随机过渡区域。典型的表现是中国画中的墨、色晕染，画家经常凭借经验，用加水和吸水的方法干预墨、色的自然渗化（图4-7）。

2.分层型偶发性色彩

分层型偶发性色彩是指色料在底材上形成明显的多层结构，表现出色点与色块相互碰撞、相互叠压的效果，有时伴随着色料层的随机剥离，色彩分层效果更加突出。典型的表现是美国抽象表现主义艺术家波洛克（P.Jackson

Pollock）的泼彩油画（图4-8），中国漆器漆画打磨工艺中也经常使用这种原理。

3. 应激型偶发性色彩

应激型偶发性色彩是指具有应激机能的装置受到某种刺激源的作用，在一定时间段中，原有色彩的局部或整体做出色彩响应，形成偶然生发的新色彩或者连续变化的动态色彩效果，典型的表现是各类感应装置艺术和感应变色服装等（图4-9）。

4. 运算型偶发性色彩

运算型偶发性色彩是指使用计算机辅助设计技术在运算指令与色彩效果之间建立映射关系，人为割裂人的主观经验和色彩效果之间的直观对应联系，让参与者感受到超乎想象的色彩失控效果，典型的表现是计算机分形色彩（图4-10）。

简而言之，色彩三要素的无序变化是偶发性色彩的普遍状态。在形状上没有具象物的边界，多是自由生发的随机轮廓以及无规律的过渡色域；在分布上是大规模的或零星的自由扩散、局部变异；在层次上是多层叠加或者层层剥离的；在动态上呈现空间、时间和心理层面持续不稳定的变化。

通过偶发性色彩的表征和分类，研究者力图在一定范围内寻找可执行的判别标准，能够覆盖尽可能多的个案，能够形成普遍适应的规律，指导偶发性色彩创作以及色彩设计实践中的图式创新。

扩散型和分层型偶发性色彩，其研究重点在于传统媒介条件下色彩颗粒自由生发而成的分布状态，所以可看作偶发性色彩的传统媒介类型。它们的图式创新模型一般是：材料准备—色料施加—偶发因素介入—人为对进程干预—效果终止—偶发性色彩呈现。

在扩散型和分层型的偶发性色彩效果生成的模式中，影响到最终色彩呈现的因素包括了材料种类与性能、色料施加的手段、偶发性因素介入的时机和程度、进程干预的时机与方法等。

应激型和运算型的偶发性色彩，借助了多样化的

图4-8 滴彩油画的分层型偶发效果

图4-9 新媒体艺术带来的应激型偶发效果

图4-10 分形软件带来的运算型偶发效果

图4-11 分层型偶发性色彩实践的灵感

图4-12 基于分层型偶发性色彩的剪绒织物开发

呈色媒介来表现自由生发、随时变换的色彩现象，所以可以看作是偶发性色彩的现代媒介类型。它们的图式创新模型一般是：信号接收—映射链接—反馈生成—偶发性色彩呈现。

在应激型和运算型的偶发性色彩效果生成的模式中，影响到最终色彩呈现的因素包括感应捕捉的类型设定和识别的精度、信号接收和转换的方法、映射链接的设定以及是否需要感知反馈并再次映射、是否终止持续呈色、终止持续呈色的时机等。每一个因素或者几个因素的组合，都可能会形成最终色彩效果的差别。

作为一种具有创新意味的色彩观念，偶发性色彩的理论可以建立起图式创新的模型，在后续的设计过程中发挥其理论指导实践的优势，对色彩设计实践产生积极的影响。

色彩观念创新，能够把色彩设计的应用领域扩展到艺术创作、工艺美术和工业产品设计等紧密联系的艺术领域，并延伸到包括医疗卫生、安全防护、军事伪装等特殊领域及其他潜在的领域。

例如，针对绒类材料进行修剪，可以获得平整、均一的绒面。此种传统技术应用广泛但是技术局限较为明显。受到敦煌壁画的色料剥离、氧化后不均匀变色等色彩效果的启发（图4-11），结合偶发性色彩的传统媒介类图式创新模型，采用段染技术或和光雕刻技术对传统剪绒织物进行改良❶（图4-12）。在这个设计实践中，利用偶发因素的介入点主要集中在：

第一，设置纤维束上的色层次序；

第二，选择不同的色彩消减手法；

第三，设置内在的色彩映射；

第四，形成色彩空间混合。

---

❶ 2009年，笔者以“基于分层型偶发性色彩的剪绒纺织品开发”为主题，指导学生赵曦乐参加“SDC（国际染色家协会）全球色彩设计竞赛”，获得中国赛区一等奖，并代表中国赛区参加在印度举行的总决赛。

第三节 服饰色彩的技术创新

一、技术创新原理

服饰色彩技术创新和色彩观念创新密不可分，是观念创新指导下的技术实现，有时也不排除技术自身的改良与独创。色彩技术创新涵盖了纤维原料准备、纱线纺制、织物设计与织造、印染整理等纺、织、染的技术全过程。

对于服装色彩设计师来说，搭配色彩有以下三条选择途径。

第一，到市场上选购所需色号和色彩效果的面（材）料成品。这一途径依赖于成熟的市场和品种丰富的产品备选，简单直接、成本较低；缺点是设计师的创新意识受到限制，服装色彩效果容易被仿效。

第二，到生产单位定制所需色号和色彩效果的面（材）料。这一途径依赖于紧密的供应链配合，设计师可以从纱线、织造、印染全程介入设计研发，色彩效果不易被仿效；缺点是成本较高、受到起订量的限制，具有较高的市场风险。

第三，自己对面料、材料进行染色、涂色加工，或者利用现成的有色原料进行切割、拼贴、缝缀等改造，得到适合于服用的新色彩效果。这一途径又被称为“面料二次改造”，与纤维艺术创作有关，优点是自由无限，设计师的主观创造性可以得到最大限度的发挥，不易被仿制，适合小型服装工作室；缺点是加工过程比较繁复、时间周期相对较长，批量较小、成本较高。但这是当代服装色彩设计师更看好的途径。

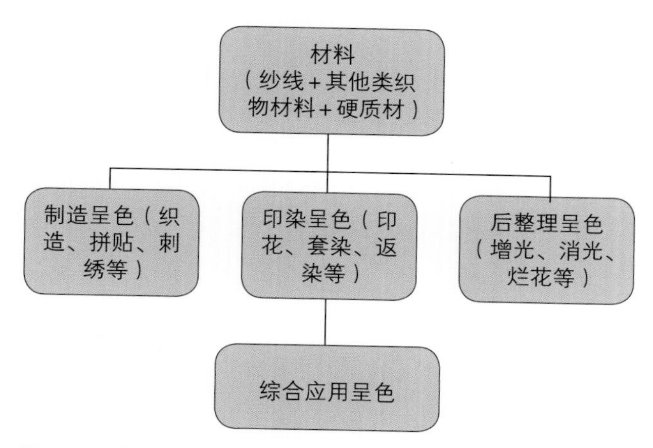

图4-13 色彩技术创新示意图

色彩技术创新需要聚焦于服装材料的选择和恰当的对应工艺。色彩设计师可以对材料品种性能、面料制造方法、印染材料与工艺、后整理方法以及相互之间组合应用进行深入研究，把观念创新成果介入色彩技术创新，使面料、材料获得丰富的色泽变化（图4-13）。

1.材料

材料是服装造型与色彩呈现的基础。

常规的服装材料包括服装的面料和辅料。面料多用棉、麻、毛、丝等天然

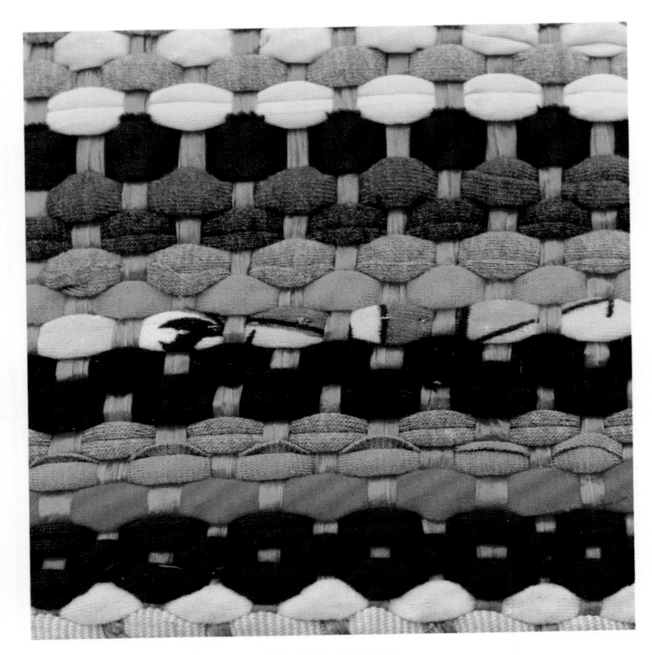

图4-14 会影响色彩设计构思的原材料

图4-15 编织技术带来的色彩效果

纤维和人造纤维、合成纤维、无机纤维等化学纤维为原材料，纺成纱、织成布。这些材料的色相品种、数量、粗细程度、粗细均匀度以及相互之间组合的关系，均会影响色彩设计师的构思（图4-14）。巧妙组织这些形状各异的材料，最终会形成轻薄或厚重、挺括或柔软、致密或通透、光泽亮哑等差异化的纺织面料，带来更丰富的织物色彩面貌。

除此之外，动物的毛皮也是一种古老和不断改变的服装材料。当代设计师还在不断尝试各种新材料，如金属、玻璃、塑料、荧光材料、蓄能材料、3D打印用复合材料等，制造出各种不同凡响的色彩新效果。

常用的服装辅料包括：

功能辅料，如里布、拉链、纽扣等；
装饰辅料，如织带、花边、珠片等；
造型辅料，如黏合衬、裙撑等；
衬垫辅料，如填充物、垫肩等。

2. 制造

之所以用制造而不是织造，因为服装与服饰色彩设计涉及的材料是一个庞大的概念，并不仅是局限于纺织品的种类，所以相关加工技术也不局限于纺织常规成型工艺。常见的制造技法包括以下几种。

编织：机织、针织以及源自传统纺织技术的手工编织法、栽绒法、圈绒法等，如图4-15所示。

非织造成型：利用针刺、缝编、水刺、热合、纺粘、熔喷等技术将纤维定向或随机排列，形成纤网结构。

刺绣：包括传统的彩绣、塑绣、绗缝、抽纱以及现代机绣、电脑刺绣等。

拼贴：包括纤维和织物材料以及各种实物材料的拼贴、镶嵌、黏合等。

缠绕：包括各种线性材料在某个形

态基础上捆绑、卷绕、包扎和塑型等。

连缀：包括金属、陶瓷、塑胶等碎片式硬质材料、半硬质材料的拼缀、连接成型等。

综合：包括可以想象和实现的各种适合服装使用的材料加工方法以及各种方法的组合使用。

3.染色

服装材料上色时使用的色料，包括了染料和颜料（涂料）。

不同的是，染料与染色对象有一定的亲和力，可以通过水溶液或其他介质对纤维上染、固着，并具有较高的色牢度。不同的染料类型决定了染料和染色对象的结合方式以及染色牢度和颜色特点，如苯并蒽酮在黏胶纤维上会产生强烈的浅色效应：由蓝紫变为红紫；而在棉纤维上染色变化不大；在尼龙材料上几乎不变色。一般来说，对于纺织品、毛皮、皮革等材料的上色要形成比较稳定的色彩效果，需要多用染料。

颜料（涂料）不溶于介质，不能上染纤维，仅靠黏合剂机械地固着在纤维上，因高温蒸化和烘焙在织物上形成薄膜层，具有一定的着色力、遮盖力和对光的稳定性，因此颜料上色、涂料印花适用于所有的纤维，而橡胶、塑料、搪瓷、金属等材料上色也多用颜料。设计师常常习惯于用颜料上色，因为这种方法直接、简单；但是在面料上使用颜料，往往使得面料的柔软性、悬垂性受到影响，而且附着牢度也较弱，容易剥落。

常见的印染技法包括：直接印花类如型版漏印、捺印、丝网印、转移印、数码喷印等；防染印花类如蜡染、扎染、型版浆防染及手绘等。此外还有一些染色技巧也值得关注，如套染和返染。

套染：不同种类的染料具有不同的性能，且适用于不同的原料。为了达到特别的染色目的，如不同纤维混纺或交织成织物需要使用不同种类的染料染色，即将织物经过两种或两种以上染色性能不同的染料分别染色，这就是套染。

返染：由于商业需要，或者生产产品颜色质量的原因需要把织物的原有颜色遮盖、改染成另一种颜色，这个过程称为返染。由浅改深的返染较容易，由深改浅则较难，一般要“剥色”，即先褪掉一部分的染料。

4.其他

服装材料呈色的方法非常多，有些色彩效果涉及多种材料、工艺和印染，并不是由单独的一种方法形成。如透光色彩效果、增光色彩效果与消光色彩效果等。

透光色彩效果：纺织品的透光加工是采用特定纱线、织造方法和染整加工手段，使织物表面局部或整体呈现出半透明风格的加工。透光效果，可以通过多种方法实现，包括：采用折射率、粗细、形状、内部结构不同的纤维和纱线，造成布面不同的透明度；选用低密度和特定的织物组织结构织造，可使织物具有不同的透光度；将具有不同纤维组分的织物进行“烂花”“切割烧花”等加工，去除部分纤

图4-16 切割烧花工艺带来的色彩效果

图4-17 金属蒸镀工艺❷带来的色彩效果

维、纱线后可使布面具有不同的透明色彩效果（图4-16）。

增光色彩效果：织物增光技术比较多样（图4-17），包括织造结构增光（如长浮长组织结构）、材料增光（如折光指数较高的纤维、长丝、金银线等）、特种印花增光（如金银粉等高反射率物质印花❶）、生物抛光（如淀粉酶、碱性果胶酶、过氧化氢酶等生物酶制剂，对纺织品进行整理时可产生一定的光泽整理效果，可用于纯棉、棉麻等纤维素纤维织物的抛光和羊毛纤维及其织物的“丝光”处理）、机械轧压增光（如减少纱线表面绒毛、降低布面漫反射）等。在染整工艺中，也会使用烧毛、剪毛、丝光、拉幅等工艺提升织物的表面色泽度。

消光色彩效果：使纤维、纱线、织物表面粗糙不平滑，导致光泽的减少，从而降低折射率。如使用氢氧化钠来处理涤纶织物，使之质量减轻产生仿真丝绸的柔和色彩效果。此外，常见的消光处理还有消光印花、发泡印花、静电植绒印花、起绒整理、磨毛整理、泡泡纱效应整理、绉效应加工和褶裥整理等。

二、技术创新案例：蓝印花布改良设计

中国传统纺织品蓝印花布的制作工艺经过长期探索与实践，已经较为成熟定型，主要包括以下几个环节。

---

❶ 金银粉特种印花色彩效果：以特殊性能的高分子黏合剂、高效抗氧化色变剂、稳定剂、手感调节剂、特种印花糊料等组成专门用于金银粉印花的色浆，从而进行印花加工，获得金属化色泽。

❷ 金属蒸镀色彩效果：织物的金属化工艺可直接对织物进行金属蒸镀以及转移印花蒸镀膜等加工。

第一，从蓼蓝草中提取靛蓝作为染料；

第二，把镂刻的纸质花版铺在白布上，用刮浆板把用黄豆粉和石灰粉调制的防染浆刮入花版空隙，漏印在布面上；

第三，布料干后放入染缸，上染后取出氧化、透风，再次下缸染色，取出氧化，直到染成；

第四，漂洗、晾干后刮去防染浆，即显现出蓝白花纹。

为了达到匀染效果，传统蓝印工艺一般需要经过6～8次上染，所以靛蓝底色比较暗沉近乎黑色，虽然色彩效果蓝白分明，很有特色，但是不够丰富。只有在日常使用中反复下水漂洗，褪色后才会显出更多的蓝色层次（图4-18）。相对而言，目前专家们对蓝印花布的传承研究，更多集中在花型的收集和改良上。

图4-18 传统蓝印花布色彩效果

图4-19 改良过的蓝印花布色彩效果

要保持蓝印花布风格的历久弥新，被更多的当代消费者所喜爱，一方面要保留其原汁原味的传统工艺，另一方面需要从“蓝”“印”“花”“布”所代表的染料选择、工艺创新、图案开发、底材选择等多个环节加以大胆改造。

笔者曾采用传统蓝印花布工艺与手工泼染技术相结合，从工艺流程入手，用泼染替代传统的浸染。泼染最大的魅力，在于颜色的随机肌理，用自然随性的偶发性色彩替代原本比较单一的靛蓝底色，同时保留了蓝印花布分明的花型特征以及白花图案中的“冰裂纹”效果，形成蜡染、扎染和蓝印花布的艺术融合，如图4-19所示。

蓝印花布❶是珍贵的国家级非物质文化遗产，通过更多样的色彩技术创新，丰富它的色彩艺术效果，可以令它再次满足当代时尚需求，实现非物质文化遗产的良性传承。

❶ 蓝印花布：中国民间广泛使用的一种传统手工艺印染面料，与扎染、蜡染并称为“国粹三染”。

三、技术创新案例：废旧材料再利用

纺织服装产业是全球性的民生产业，耗能多、污染大，随着生活水平的提高，大多数服装在功能尚好的情况下就面临丢弃。因而从理念、形式、材料、色彩上寻找延长服装产品生命周期的方法，是很有价值的课题。

图4-20 Freitag重复利用回收材料

图4-21 面料还原成纱线后进行的面料二次设计

Freitag来自瑞士苏黎世，是一个以回收废弃卡车防水布片和汽车安全带来制作时尚背包而闻名的环保品牌。他们还推出过一种可降解的牛仔裤，以亚麻、棉麻混纺梭织物为原料，化学成分含量很低，无漂白；用原创发明的可生物降解的线替代传统的不可降解的涤纶线进行缝纫。Freitag公司实践了两种处理废旧物料的方法：重复利用（图4-20）和降解。

然而，降解技术所涉及的材料萃取、代谢和分解，常常带来生产成本的增加，在现实商业操作中难度很大。而重复利用回收材料的技术难度相对较小，成本相对较低，是服饰色彩技术创新的未来方向之一。具体来说，包括以下三种。

第一，"延命"：在生态环境永续的概念下，尽量提高服装商品的利用率，延长其产品寿命。如李维斯（Levi's）公司推出"A Care Tag for our Planet"活动，呼吁牛仔裤多穿少洗，保持原有色彩风貌，减少污水排放和丢弃。

第二，"改命"：在少量资源损耗或者对自然环境伤害最小化的前提下，提倡回收废弃服装，进行再分割、改造，寻求低成本与高效益。如比利时设计师马丁·马吉拉（Martin Margiela）崇尚"为拆解而设计"的理念，废旧手套、袜子、牛仔裤、皮带拼接后出现的撕边、破烂肌理、随形的拼接线和不均匀的复杂色彩成为新的时尚。

第三，"新生"[1]："新生服装"是

---

[1] 笔者指导本科生陈媛婷和硕士生曾文欣合作，借鉴"基于分层型偶发性色彩的绗缝织物开发"的思路，将面料还原成纱线后进行黏合再造，参加"第三届全国大学生纺织品二次设计大赛"，获得一等奖。

指通过回收废旧服装物料还原成原料如纱线或纤维、塑料颗粒以后，再次纺纱成型，产生新的服用价值和经济效益，如图4-21所示。这些“物料”，并不局限于纺织品，如国内就有科研人员研发了用咖啡渣制成袜子的新技术。

设计师对于色彩的研究，一般是始于色彩观察时的归纳，通过色彩构成的理论学习，掌握色彩的心理属性与文化属性，最终应用于服装色彩搭配。然而，当代服装与服饰的色彩设计，要求色彩设计研究的内容和外延都有所扩展。

首先，色彩研究不是只局限于归纳性色彩的封闭性框架，不同的色彩观念是同等重要的，多种观念的并存会更好地完善色彩研究体系，指导色彩设计创新。

其次，色彩的文化属性和技术内涵是同等重要的，设计师需要从简单地选择色彩、搭配色彩提升到自主地制造色彩、创造色彩的高度，做到知行合一。

最后，需要把设计师个体的色彩创造，通过色彩的流行创新，为色彩营销提供思路和方法，增加色彩商业应用的价值。

第四节　服饰色彩的流行创新

一、流行色概述

流行色，指在一定时期和地区内，产品中被大多数消费者所喜爱和采纳的带倾向性的“几种色彩或色彩组合”。

今天，流行色已经被广泛应用于产品设计、形象设计、家居设计以及时尚艺术创作领域，其中，服装与服饰受到流行色的影响最大、对流行色反应最灵敏。甚至有某些服饰是依靠流行色彩变化来区别新旧的，如夏装市场非常流行的POLO衫[1]（图4-22）、色织衬衫和领带等。

图4-22　主打色彩营销的T恤产品

[1] POLO衫：西方男式休闲服饰历史上的经典传奇之一，特指一种带有罗纹领的短袖针织T恤。它既不像无领T恤那样过于随便，又不像衬衫那样呆板严肃，非常适合在带有商业性的休闲场合穿着。在POLO衫的发展历史上，法国网球名将勒内·拉科斯特（René Lacoste）和美国设计师拉夫·劳伦（Ralph Lauren）为它的普及起到了重要作用。

二、流行色的特征

流行色的发展特征主要表现在周期性、延续性、突变性和流动性上。

1. 周期性

与世界上大多数的事物发展规律一样，流行色的周期也可以分为“形成、发展、高潮和衰退”四个阶段。

图4-23 流行形成期的色彩尝试

图4-24 流行发展期的色彩跟从

一开始，是少数的流行先锋人士，率先去挑战一些与众不同、惊世骇俗的色彩搭配。这些色彩与搭配成为色彩流行的先导，称为流行色的形成期（图4-23）。

接着，是一小群对色彩流行先锋比较敏感的时髦人物，开始筛选流行先锋的用色搭配，取精去陋，并频频在公开集会、秀场上亮相，形成一定范围的用色共性，称为流行色的发展期（图4-24）。

然后，很多品牌与自由设计师开始大规模地宣传和推广这些用色共性，流行爱好者开始自觉或不自觉地消费它们，形成了大规模的流行色高潮。而这个时候，流行先锋和时髦人物已开始新一轮的流行色尝试与筛选。

最后，这一轮流行色逐渐消退，让位于新兴的流行色，称为流行色的衰退期。

流行色就是这样周而复始、螺旋式地演进着。一般一个完整的流行色周期需要经历5～7年，但流行色的周期往往也会随着各地区的经济发展、社会购买力的不同而改变，如发达地区流行周期比较短，而贫困落后地区流行周期长，甚至完全不敏感。

2. 延续性

流行色的延续性，是指部分流行色到了衰退期，影响力会逐渐减弱，但并不是立即消失，而是以明度与纯度微调的形式进入到新兴的流行色中（图4-25）。

3. 突变性

相对于流行色的延续性，某种色彩因为意外事件的发生而成为流行热点，激发流行色突变性的突发因素很多，如某些政治、经济、军事、文化事件的爆发，或者网红人物的示范、时尚权威的推荐，都有类似的不可预知的推动性。突发因素会激起某个颜色在短时间里形成大规模流行，这就是流行色的突变性。

4. 流动性

流行色的流动性❶主要是指流行色总是从具有号召力的流行高地逐渐向对时尚不太敏感的流行低洼区进行渗透的传播特点。

三、流行色发布机构

图4-25 流行色的延续（整理自WGSN流行资讯）

消费者是流行色的“流”，地区性与全球性的经济状况与文化条件是其“源”。在源与流之间，是流行色研究与发布的权威机构和专家在发挥承上启下的作用。

流行色权威机构和专家通过发布流行色预测方案，对先前的色彩流行进行归纳和总结，对未来的流行趋势进行分析与预测。流行色预测方案的公布，可以凝聚消费者的流行色感觉，也为纺织、服装企业提供生产依据，便于他们及时生产出消费者喜欢的流行色商品。

目前，较有影响的流行色预测方案，主要来自于国际流行色委员会和一些区域性的、行业性的组织机构和企业。

国际流行色委员会（International Commission for Color in Fashion and Textiles）：流行色预测与发布源于欧洲，1963年在法国、联邦德国、日本等国的共同发起下，在巴黎成立了“国际流行色委员会”。从此每年两次在巴黎召开国际流行色专家会议，提前24个月发布国际流行色预测方案，是影响全球服装与纺织面料流行色的最权威机构。

国际羊毛局（International Wool Secretariat）：世界驰名的羊毛纤维纺织品认证机构，成立于1937年。它的主要作用是搜集和分析毛纺领域的经济资料、推广纯羊毛标志、为行业和消费者提供流行信息和咨询服务。

美国潘通公司（Pantone Inc.）：开发和研究色彩与色彩流行讯息的权威供应商。该公司最重要的产品是潘通配色系统（PMS，PANTONE MATCHING SYSTEM），主要涵盖印刷、纺织、家

❶ 流行色的流动性：具体表现为，①滴流式，流行先锋和公众人物向大众流行爱好者示范流行色；②横流式，时尚产业聚集地向时尚欠发达地区示范流行色；③逆流式，数量众多的大众爱好者所持有的共同流行态度，反过来影响时尚权威机构和公众人物的流行意见。

居、塑胶、室内装潢、数码科技、油漆涂料等领域。潘通色卡是设计师、生产商、零售商及客户之间精确化色彩沟通的标准化语言。

在服饰家居行业中，潘通服装+家居色彩系统（Pantone Fashion+Home Color System）包括约两千种棉布和纸版的色彩标样，用于制定概念化的色彩方案，并提供生产程序中的色彩交流。潘通流行色展望（PANTONE VIEW Color Planner）是其时装色彩趋势预测工具，每年发布两次，提前24个月发布流行色预测方案，供企业和消费者选用。

英国WGSN（Worth Global Style Network）：英国在线时尚预测和潮流趋势分析服务提供商，专为时装及时尚产业提供网上资讯收集、趋势分析、时尚新闻，包括色彩趋势预测等资讯服务。

德国法兰克福国际家用纺织品博览会（Heimtextil Frankfurt）：创办于1971年，是家用纺织品领域历史久、规模大、声誉高、国际号召力强的专业展会，汇集了来自设计、创意、制造领域的高质量展商及创意与产品，是业界发布潮流新品、倡导色彩流行的前哨平台。

中国流行色协会（China Fashion & Color Association）：成立于1982年，1983年代表中国加入国际流行色委员会。中国流行色协会主要开展国内外市场色彩调研，负责预测和发布中国流行色预测方案；开展中国应用色彩标准的研制、应用和推广；开展色彩学术交流、教育和培训等工作，普及流行色知识，为从事色彩专业工作的企业和个人以及广大爱好者提供资讯服务。

其他，如中国国际纺织面料及辅料博览会（InterTEXTILE）、《国际色彩权威》《Cherou》《巴黎纺织之声》等杂志也会定期地发布地区性的流行资讯，来引导本地区的时尚色彩消费，具有比较高的专业性和影响力。

四、流行色定案的解读

国际流行色委员会每年定期召开国际会议，预测全球范围的色彩趋势走向，为市场和消费者提供色彩创新的灵感。其主要程序有以下四步。

1. 提交提案

各会员国参会代表要事先准备好本国的流行趋势提案，包括文字介绍和实物色样，如布料、线团、塑料、纸张等。在正式会议前，代表们互相交换提案，并提交给大会主席。

2. 讨论提案

委员会将各国提案集中展示出来，然后开始正式讨论。各国代表作简短说明，阐述本国的流行色主张。

3. 筛选色标

讨论完毕后，进入筛选色标程序，在多次的陈述、辩论后部分色标得到大多数人的同意，表决通过被确定为定案。

4. 发布定案

委员会向各会员国发布《国际色彩报告》。各会员国可根据本国市场情况，对报告进行“采用和修订”，再发布具有本国特色的流行色预测方案。

一般来说，完整的方案由多组色彩主题构成，每个主题都包括了“主题词、色彩概念图片和色标组合”三部分内容，如图4-26、图4-27所示。

主题词，是每一个流行色主题灵感来源的文字说明，简洁明了，这样就留下更多的理解和阐释空间。通过主题词，能初步感受到当季流行色预测的主旨。

色彩概念图片，是配合主题词而选用的彩色图例，形象地诠释了流行主题的灵感和情调。

色标组合，是流行色主题的主要部分。每一主题色组都由多块色标组成，是从“色彩概念图片”中归纳、提取出来的。

当然，消费者还可以从其他渠道得到不同的流行色预测，例如潘通公司从2000年发布首个年度流行色开始，每年都会指定一个指标性的流行色作为时尚、设计、艺术等各个领域最先考虑的色彩，如2018年的紫外光色、2019年的活珊瑚橘色。

图4-26 笔者模拟2020/2021AW流行色预测方案：主题一“To adapt”

图4-27 笔者模拟2020/2021AW流行色预测方案：主题二“To expand”

五、流行色配色

流行色是重要的，但也不必绝对依赖。用流行色来做配色，设计师一定要综合理解国内外流行色预测方案；把握品牌色彩的定位和自身规律；结合专家意见，设定专属概念。

这种个性化解读，更具有针对性，生产出的流行色商品也更符合品牌风格，对流行色的普及也更有推动力。对于一个季度的色彩流行趋势和主题，可以按其流行新鲜度，区分为“指标流行色、延续流行色、常用流行色”（图4-28）。

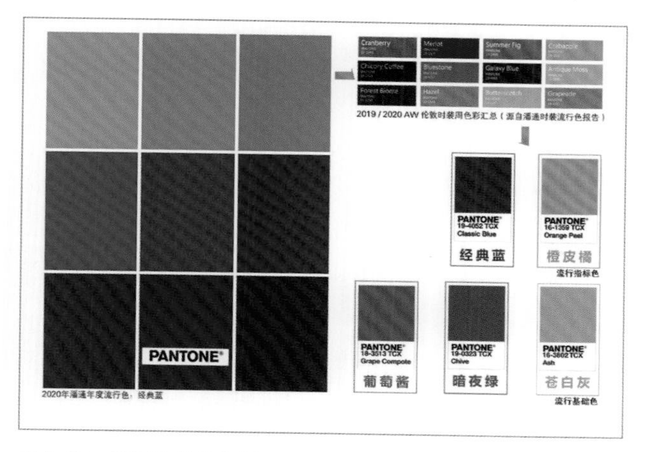

图4-28 流行色色卡分析

指标流行色，是本季流行主题中重点推出、辨识度较高的色彩，新鲜度最高。

延续流行色，是上季重要色彩的延续，经过轻微的调性改变，保持一定流行惯性，新鲜度较高。

常用流行色，是每季都会出现的带有某些色彩倾向的有色灰或者无彩色等，个性模糊，识别性和新鲜度都一般。

流行色组还可以区分为“主导色、点缀色”。主导色主要是指体量面积占有绝对优势的色彩，点缀色主要是指体量面积小、位置重要的色彩。

主导色，既可以是指标流行色，色相的高辨识度令人过目不忘；也可以是延续流行色，承接上一季的色彩流行感，又有微妙的新意。此外，设计师也可能采用常用色作为主导色，常用色有两类：一类是年年出现、变化差异不大的低纯度色、中性色，具有含蓄内敛的特色，易于大众消费者接受；另一类是纯度较高、个性比较鲜明的民俗用色和品牌标志色彩，具有延续的稳定性和较高的认同度。

点缀色，一般是选择指标流行色或者具有金属光泽的较高纯度色彩，与含灰低调的常用流行色形成反差、点缀效果。

从服饰色彩的流行创新来看，主要是色彩设计师深刻理解流行色规律，采用创新手法赋予设计产品新的流行价值。

1. 流行色单色搭配

（1）解读某个季节的流行色，列出四个主题色卡。笔者依次编号为“主题1、主题2、主题3、主题4”便于理解，如图4-29所示。

（2）准备一张空白的款式图，如图4-30所示。

（3）在主题色卡中，选择1号主题中的左4号色为个性鲜明的主导色，填充到空白款式图中，如图4-31所示。

（4）适当调整其局部色彩的明度、纯度，形成流行色单色搭配，如图4-32所示。

图4-29　流行色模拟主题

图4-30 单色应用线稿

图4-31 单色应用填色稿

图4-32 单色应用调整完成稿

图4-33 双色应用线稿

图4-34 双色应用第一种色填色稿

图4-35 双色应用第二种色填充及调整完成稿

2.流行色双色主次搭配

首先，要深入解读某个季节的流行色，列出四个主题色卡。

（1）准备一张空白的款式图，考虑到配色的需要，适当填充花纹装饰，如图4–33所示。

（2）在主题色卡中，选择2号主题中的右2号色“荷叶绿”为主导色，填充到空白款式图中，如图4–34所示。

（3）在同一个2号主题色卡中，选择左4号色“浅豆沙红”为辅助色，考虑其调和效果，填充到花纹中，形成流行色双色主次搭配效果，选用2号主题色卡中右3号色“大红”，点缀在纽扣等细节处，最后适当调整其整体和局部的色彩关系，如图4–35所示。

3.流行色多色穿插搭配

解读某个季节的流行色，列出四个主题色卡。

（1）准备一张空白的款式图，考虑到配色的需要，适当填充菱形花纹装饰，保留腰带装饰；在主题色卡中，选择4号主题中的右2号色“浅绿灰”为底色，填充到空白款式图中，如图4-36所示。

（2）在3号主题色卡中，选择右1号色“蒂凡尼蓝”为主导色，填充到服装大身中，考虑其调和效果，填充并调节菱形花纹的颜色，如图4-37所示。

（3）在同一个3号主题色卡中选择右3号色“姜黄”，在1号主题色卡中选择右4号色“暗夜紫”，作为两个点缀色填充到第二种花纹和腰带装饰、纽扣等细部，形成流行色多色穿插的搭配效果，最后适当调整其整体和局部的色彩关系，如图4-38所示。

在进行流行色创新搭配时，还需要注意以下三点。

第一，抓住主导色、搭配辅助色、精选点缀色，是服饰色彩流行创新的主诀窍。

第二，高度时尚性的服装一般采用指标流行色或者延续流行色为主导色，适当配以常用色；日常生活服装经常以常用色为主，局部用指标流行色或者延续流行色来加以点缀，起到画龙点睛的作用。

第三，流行色使用宜少不宜多，不要把当季的流行色一股脑儿地全都用到一套服装上，找到每一季流行色的主色非常重要。

六、流行创新案例：永恒的流行色

有没有永恒的流行色呢？有！

把每年都会出现在流行预测方案中的有色灰或无彩色叫作“常用流行色”，这并非是笔者笔误，虽然它们个性模糊、识别度不高，但是它们万用百搭、

图4-36 多色应用线稿和第一种色填充稿

图4-37 多色应用第二种色填色稿

图4-38 多色应用其他点缀色填充及调整完成稿

流行周期长，有非常深厚的群众基础。因而，黑色、白色、利休灰（Rikyu Grey，一种深受日本民族喜爱的略带绿调的灰色）（图4-39）等都拥有“永恒流行色”的名头。

由于民族传统心理、宗教心理的影响根深蒂固，红色对于中国、绿色对于爱尔兰、橙色对于荷兰、明黄对于印度等，也能看成是特定人群的“永恒流行色”。

此外，一些时尚品牌在创立之初就有明确的色彩定位，常年坚持比较稳定的色彩形象，或者一季季持续地推出某个特征鲜明的主打色，有助于加深消费者对其品牌的辨识，如华伦天奴红❶（图4-40）。

综上所述，色彩的流行创新主要是：根据快速更新的流行色，主动改变设计产品的色彩面貌，可以用最小的成本投入，提高产品的新颖感、时尚性，调动消费者的情绪，促使他们对流行产品产生强烈的消费欲望。

图4-39 永恒的流行色：利休灰

图4-40 永恒的流行色：华伦天奴红

第五节 服饰色彩的营销创新

在消费主导型的市场中，同质化的产品和服务越来越多，而消费者变得越来越挑剔。那么，设计师用什么东西去吸引、打动他们呢？色彩！先考虑色彩！

一来，伴随着流行色彩的快速更替，客户对新鲜色彩的消费欲望越加强烈。服装色彩的显示性更容易实现着装形象的风格化、时尚化。所以，

❶ 华伦天奴红：华伦天奴（Valentino）是知名的意大利高级时装品牌，成立于1960年。融合意大利手工艺和现代美感，演绎全新时尚魅力。华伦天奴品牌惯用的红色被命名为华伦天奴红，精美奢华，是时尚与经典的融合。

图4-41 “延禧色系”美甲产品外观色彩系列

图4-42 时尚品牌的“黑白”色彩营销

韩国色彩专家朴明焕说，“色彩是21世纪感性时代的核心”。

二来，法国色彩大师朗科罗（Jean Philippe Lenclos）曾说，在不增加成本的基础上，通过改变颜色、可以给产品带来15%~30%的附加值。因而，对于企业和设计师来说，改变色彩是维持产品新鲜度最方便、成本最低的手段。款式相同的产品，配备系列化的色彩供给消费者选择，对消费者色彩偏好的契合度会更高，如图4-41所示。

一、色彩营销创新的商业价值

越来越多的案例表明，色彩创新设计正在融合艺术、技术和商业属性，在生产和生活领域产生可观的经济效益，“色彩营销”应运而生。

色彩营销，即把色彩作为主导因素进行销售策划以提高商品销售量的一种营销方式。

色彩营销理论最早在20世纪80年代初由美国色彩专家卡洛尔·杰克逊[1]（Carol Jackson）女士在个人形象色彩诊断的实践中提炼和总结出来的。今天的色彩营销被推广到服装与服饰设计、商品橱窗陈列设计、产品包装设计、企业形象策划、广告宣传、城市色彩规划等方面，可以说“色彩营销”为品牌、企业和设计师带来了全新的思路和全方位的整合设计效果（图4-42）。近年来，“色彩营销”的竞争越来越激烈，需要色彩设计师和品牌管理者从色彩营销的直接性、情感性、精细性和系统性

[1] 卡洛尔·杰克逊：“四季色彩理论”的发明人，她根据不同人的肤色、瞳孔色、发色等自然生理特征的冷暖关系把人分为春、夏、秋、冬四个类型，把上百种颜色按四季分为四大色彩群，选取最合理的“人—妆容—服装”的色彩和谐关系。

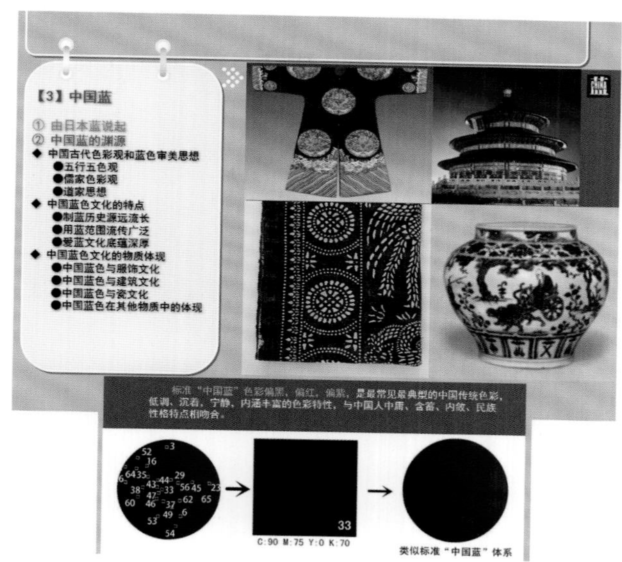

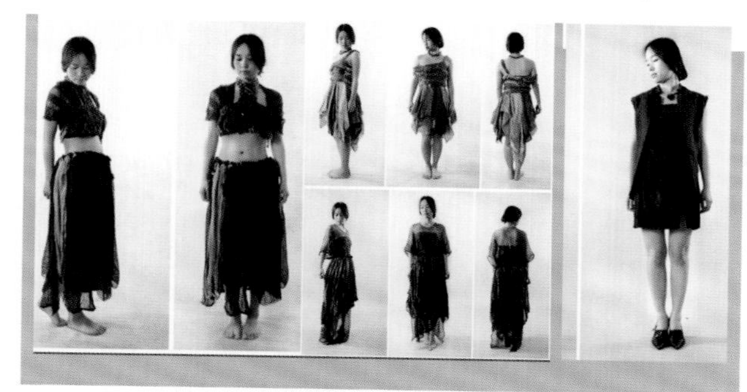

图4-43 源自传统蓝印花布色彩的“中国蓝”研究

上加深理解，在色彩营销战略上积极创新，才能取得理想的实战效果。

二、色彩营销创新的特征

1. 色彩营销的直接性

服装色彩作为产品视觉上的重要形式要素，对消费者进行产品识别的影响力在65%以上。符合消费者色彩审美需求的产品，才有机会引发消费者对造型、材质、功能、质量、价格等方面作进一步了解的兴趣。因而，色彩对品牌的产品营销识别具有直接的视觉诱导力。

2. 色彩营销的情感性

服装色彩对人的心理作用是显而易见的，极易引发消费者情感共鸣。色彩蕴含着传统文化的内在含义，某些颜色一旦被界定为某种独特的、带有民族文化认同的标志色彩之后，往往就被赋予了浓厚的民族感情，更容易得到区域性消费者的认同，更容易打开当地市场、促进情感动机主导的流行色消费。例如，鉴于日本学者在本土纺织品中针对“日本蓝”所取得的研究进展，笔者曾与研究生王雪一起对中国民间蓝色纺织品做过调研和界定，初步确定了中国蓝和中国蓝谱系的概念和内涵（图4-43），使之初步具备了商业营销的价值。

3. 色彩营销的精准性

色彩也反映了不同年龄、性别、地域和文化背景差异下消费者的偏色嗜好。在服装品牌色彩营销时，品牌管理者与色彩设计师需要针对客户定位和风格定位，精准地体验消费者细微的情感差异，用色彩直接满足他们的心理需求。具体地说，同是男性，男婴、小学男生、刚工作的年轻男性、成熟中年男、女性化的男性、花花公子、有范老男人……对服装色彩的口味截然不同。而同一个消费者也会在不同的时间、不同的场合去选择民国、现代、未来派、美式摩登、法式浪漫等风格的色彩，这样对色彩营销也就有了更为精准的要求。

4. 色彩营销的系统性

色彩营销的系统性，一方面是指穿

着者的服装色彩形象由“人—服装—环境”系统组成，包括对客户的形象条件分析、气质内涵分析、色彩偏好分析、着装风格分析、配件搭配分析、出席角色分析、流行时尚分析以及场合环境分析等，这些因素需要全面系统地考虑。另一方面，从商业角度看色彩营销的系统性需要从服装的色彩创新，延伸到服装包装、展示、媒体广告、销售地区文化特色以及品牌形象标准色等，构成统一整体、特点鲜明、便于识别和商业推广的色彩系统形象。

色彩营销的流行，表明色彩设计的商业化已经上升为品牌营销战略的重要环节。

三、色彩营销创新的步骤

色彩营销创新的重要内容是设计师对品牌服装色彩的规划和落实。

一个品牌在创立之初，对于其目标客户消费群都有较为清晰的定位，如品牌类型、品牌概念、品牌核心精神、品牌典型风格、年龄定位与核心年龄等。确定一个风格接近、实力相当、具有市场号召力与美誉度的竞争品牌，进而比较自身品牌和竞争品牌之间存在的差异，是建立自身品牌的优势与特色的捷径。

1. 调研市场的色彩流行

首先，设计团队要对权威流行预测提案做全面的分析，这是调研的第一部分。提前18～24个月公布的色彩预测提案、提前12个月公布的面料预测提案以及提前6～12个月发布的服装预测提案都在调研范围之内。通过这个调研，了解高显示度的指标流行色，精确地把握时尚市场上流行色的未来导向。

其次，调研的第二个部分，就是对自身品牌与竞争品牌目前和过去至少2～3个季度的色彩应用状况有较为准确的了解，吃透品牌自身的色彩原始定位和色彩流变。

根据原先策划和销售反馈，把自身产品的过往用色区分为彰显品牌精神与地位的核心色彩、获取品牌稳定利润的畅销色彩、服务于“整季风格”的基础用色，通过销售记录与库存记录的数据分析，掌握不同色彩的受欢迎程度，获得品牌的延续流行色和常用流行色的直观认识。这期间，实地调研、问卷调查和分析甚至忠实客户的面对面访谈都是必要的。

最后，调研的第三部分，可以放宽到各种媒体上政府部门、权威专家等重要机构与个人对政治、经济、文化、人物、重要聚会的规划时间表以及发表的褒贬意见，预测未来一段时间舆论可能产生的事件热点。这些热点因素，有可能造成流行色的突变，成熟的品牌色彩设计师应当做好快速反应的策划备案。

2. 设定产品的色彩形象

集合上述三部分的调研结果，提出目标季节的色彩创新设计的主旨纲要，明确色彩战略规划，设定品牌产品的整体色彩形象，编写品牌色彩故事。这种个性化的色彩设定，既保证了产品色彩与国际流行趋势的一致性，同时产品色彩更符合品牌风格。

设定产品的色彩形象之后，决定当年或当季的服装色彩：①显示品牌形象、提高人气的小批量的当季“人气色”；②符合品牌定位、具有较高针对性的大批量的“主打色”；③符合大众口味的、甚至包含上季度少量常销款在内的“基础色”。然后，制作样衣和小批量成衣，举行发布会和订货会，对接受度高的色彩增大产量；对不确定性较大的色彩适度减产，做好进入市场的前期准备。

3.编制色彩的推进计划

色彩营销要在操作层面上依靠有效的实施来给顾客留下深刻的印象，店面、橱窗、促销广告、媒体宣传等都需要保持常来常新的积极状态，制订严格有序的色彩推进计划非常必要。每个季度色彩的推进计划，都有周密的计划和灵活的执行。每季度的商品会划分出至少四个甚至更多的批次依次进入市场，色彩营销推进需要细化到20天甚至7天的可执行方案。每批新品在种类、数量和色彩上与上批次有延续更有差异，才能让消费者明确感觉到货品在有序更新，产生每周来观察、选购的兴趣。此外，适时推出“蹭热点”的系列色彩，既不会损害品牌色彩的整体规划，又有助于强化品牌色彩形象的时尚度。

4.建立色彩营销的反馈机制

当代的品牌运行大多能建立起销售信息管理系统，获取有效的大数据。通过理性的数据分析，掌握“什么色彩最好卖”和“为什么好卖”两个要点，可以验证色彩营销策略的有效性，同时作为新季度、新轮次色彩营销规划的依据。

日本设计师三宅一生（Issey Miyake）的子品牌“24 Issey Miyake”[1]为从事色彩营销的研究者提供了优秀的研究样本。

“24 Issey Miyake”旗舰店邀请日本视觉设计专家佐藤大（Oki Sato）主持该品牌的色彩策划，坚决将色彩设计作为营销重点，虽然服装款式很简单，但是每个单品都有多个系列色可供挑选，在白色背景的衬托下服装陈列像彩虹一般赏心悦目。品牌管理者精准地发现顾客在日常穿着中经常遇到一个“痛点”，那就是小件单品服装的色彩比较贫乏，难以和丰富的外套颜色充分搭配，于是进行了系统化的设计研发和营销推动，激发了消费者“每个颜色都抱回家”的冲动。这个营销思路在其另一个子品牌“BAO BAO ISSEY MIYAKE”也得到了体现。

四、色彩营销创新的注意事项

1.不能盲目运作

色彩营销的商业价值有目共睹，但是前提是对流行色、品牌色彩、消费者色彩兴趣的全面掌握和科学分析。色彩设计历来是一把双刃剑，运用色彩营销的成功案例非常多，但是如果色彩调研

---

[1] 24 Issey Miyake：三宅一生以24小时便利店的空间模式和布局为灵感开设的一家全新概念的服饰专卖店。钢制货架是店内的一大特色，所有产品都被陈列在货架上，数量不多，但每两个月全数更新一次。

不充分、色彩规划不严密、计划执行不彻底，往往不仅得不到消费者的认可和接受，反而损害企业和品牌形象。

2. 不能只看眼前

服装品牌营销是一个综合的、长期的战略规划，色彩营销是其中重要的环节但不是全部，也不是包打天下的“万能钥匙”。针对不同的品牌现状，色彩营销有时候见效比较快，但是有时却需要一个周期才能看到效果。品牌管理者要把色彩营销当成一个抓住消费者消费心理、促进消费欲求的抓手，把色彩营销与创新的工作作为企业长期的战略来坚持，才会在激烈的市场竞争中得到丰厚的回报。

3. 不要忽视文化

色彩的心理属性和文化属性对消费者态度的影响是长期和稳定的。品牌的色彩营销创新，需要对不同地区的地域、民族乃至国家的色彩文化差异作出区别研究和规划。如果融洽合拍，则销售火爆；如果对立违背，则可能被消费者抵制甚至造成观念、政治上的冲突，给品牌形象和利益造成巨大的风险和损失。

总而言之，色彩营销创新是21世纪服装商业中具有高附加值的软件条件，也是从“成本：收益”观点出发最具有实效的营销手段之一。

色彩营销在品牌竞争中已经处于非常重要的地位。色彩设计师要主动地将色彩设计与创新提高到增强品牌竞争力、促进服装情感化消费的战略高度上来，摆脱“随意运用”“简单化运用”“没办法运用”的尴尬境地，让色彩创新真正成为品牌增效的利器，引领时尚生活（图4-44）。

图4-44 品牌色彩营销的感染力

 本章作业：品牌服装色彩调研与营销策划

1.具体要求

（1）针对服装市场的某一品牌，进行当前专柜、专卖店的商品和形象色彩的实地调研。

（2）对该品牌的近1～2年的色彩方案进行网络调研，完成调研报告。

（3）根据调研结果，结合国际、中国本地区的流行色预测方案和品牌服装的风格定位，以及设计师团队对流行趋势的归纳总结和分析，进行该品牌未来一个季节的服装色彩策划，完成PPT，并按照推出次序完成不少于4个系列的服装设计与色彩搭配任务。

（4）每个团队3～4人，推选组长负责总体规划和推进，组员合理分工并合作完成调研报告。报告要求图文并茂，条理清晰，分析精辟准确，行文流畅规范。PPT报告占总成绩的50%。

（5）4个设计由团队成员分头完成，需要在遵循品牌风格和流行趋势的基础上表现出独特的审美意识和对色彩的驾驭能力。设计占总成绩的50%，所获成绩为团队成员自有。

2.近年学生自拟课题参考（图4-45、图4-46）

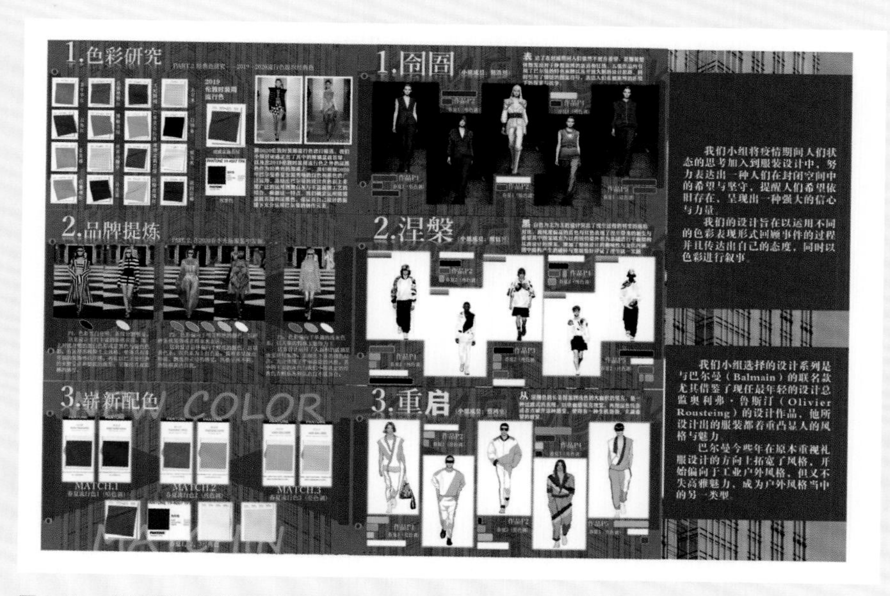

图4-45 品牌服装色彩调研与营销策划（第一组）

图4-46 品牌服装色彩调研与营销策划（第二组）

思考题

①色彩设计师如何在产品展陈中用色彩去引发消费者的消费欲望？

②对于设计师，应该怎么去提升色彩流行设计的应用价值？

参考文献

[1] 王蕴强.服装色彩学[M].北京：中国纺织出版社，2006.

[2] 李莉婷.服装色彩设计[M].2版.北京：中国纺织出版社，2015.

[3] 朴明焕.色彩设计手册[M].北京：人民邮电出版社，2009.

[4] 尹顺煌，王琦萌，李莹莹.服装品牌色彩设计[M].北京：中国纺织出版社，2013.

[5] 日本DIC色彩设计株式会社.世界传统色彩小辞典[M].杭州：中国美术学院出版社，2005.

[6] 姜澄清.中国色彩论[M].兰州：甘肃人民美术出版社，2008.

[7] 赵菁.中国色彩[M].合肥：黄山书社，2012.

[8] 中西色彩管理咨询有限公司.色彩搭配设计师培训教程3级[M].北京：中国纺织出版社，2007.

[9]SunI视觉设计.美学思考力：释放灵感的配色法则[M].北京：电子工业出版社，2013.

[10]Braddock SE, O'Mahony M.Techno Textiles: Revolutionary Fabrics for Fashion and Design[M].Lundon：Thames&Hudson Ltd,1998.

[11]O'Mahony M,Braddock SE.Sportstech:Revolutionary Fabrics,Fashion and Design[M]. Lundon：Thames&Hudson Ltd,2002.

[12] 潘春宇. The Application of Happening Colour in Modern Fabric Design [J].东华大学学报（英文版）,2006（5）,141-144.

[13] 潘春宇，高卫东，吴文正. 偶发性色彩动态特征及其生成过程的影响因素[J].纺织学报,2009（12）,86-89.

[14] 潘春宇，赵曦乐，高卫东. 偶发性色彩在剪绒织物中的应用[J].纺织学报,2013（12）,4.

[15] 潘春宇，常卓. 论色彩设计的约束与反约束[J].包装工程，2011（12）,15-17.

[16] 潘春宇，姜文. 传统棉纺织品橙系色彩复原方法探究[J].天津工业大学学报，2011（12）,35-38.

图片来源

1. 源自网络

图1–18　阿莎露（Azzaro）品牌的闪色服装，来自www.sohu.com；

图1–21　电影《布达佩斯大饭店》海报，来自www.duitang.com；

图2–10　色光对未来服装设计的影响，来自www.Bilibili.com；

图2–36　色立体结构框架图，来自网络；

图2–39　红色的欢喜祥和（桃花坞年画《一团和气》），来自http://item.secoo.com；

图2–43　黄色的尊严权威，来自www.1688.com；

图2–45　时尚之黄：草间弥生的黄色波点，来自www.walkerland.com.tw；

图2–59　时尚之绿：军旅风，来自http://www.haibao.com的王薇薇（Vera Wang）2016FW发布会；

图2–73　嗜好白色的玛丽莲·梦露，来自https://zhidao.baidu.com；

图2–87　金色的奢侈性感，来自www.sohu.com的范思哲（Versace）2018SS发布会；

图2–108　清代皇家缂丝面料局部，来自网络；

图2–124　潘通色卡，来自http://pantone.net.cn；

图2–127　湖南醴陵釉下五彩瓷灵感分析，来自https://www.997788.com；

图2–131　粤剧点翠头面色彩色彩分析，来自https://www.artfoxlive.com；

图3–21　南京云锦的绚丽斑斓，来自网络；

图4–4　日本“Boro”褴褛时尚，来自网络；

图4–7　中国彩墨画的扩散型偶发效果，来自网络；

图4–10　分形软件带来的运算型偶发效果，来自网络；

图4–11　分层型偶发性色彩实践的灵感，来自www.sohu.com；

图4–16　切割烧花工艺带来的色彩效果，来自网络；

图4–20　Freitag重复利用回收材料，来自www.jiemian.com；

图4–40　永恒的流行色：华伦天奴红，来自http://fashion.eladies.sina.com.cn；

图4–41　“延禧色系”美甲产品系列，来自jinhua.1688.com。

来自雅昌艺术品拍卖网（https://auction.artron.net）：

图2–62　紫色的雍容典雅；

图2–113　清代雍正时期“祭红釉碗”（局部）；

图2–116　宋代湖田窑青白瓷“高台杯盏”；

图2–122　素雅的中国白。

来自Pixbay图片网站：

每个章节的卷首大图
图1-3　快乐的彩虹伞；
图1-5　中国婚礼服饰；
图1-8　保护色；
图1-9　澳大利亚卡卡杜国家公园土著岩画；
图1-13　人体彩妆；
图1-14　商品市场里的繁杂色彩；
图1-16　机器生产结合手工的服饰品；
图1-20　色彩素材库；
图2-3　红色固有色；
图2-38　幸福的色彩；
图2-41　时尚之红：法拉利红；
图2-57　绿色的和平信仰；
图2-74　时尚之白：古典与庄严；
图2-85　时尚之褐：裸色情节；
图2-86　金色的权威尊贵；
图2-89　银色的神秘空灵；
图2-93　荧光色的潮流与俗气；
图3-19　佛教用色的素色倾向；
图3-42　红黄配色；
图3-44　红蓝配色；
图3-46　红绿配色；
图3-78　丰富的帽饰配色；
图3-80　丰富的鞋袜配色；
图3-82　丰富的包饰配色；
图3-84　丰富的腰饰配色；
图3-86　丰富的围巾配色；
图3-88　丰富的首饰配色；
图3-90　丰富的眼镜配色；
图4-42　时装品牌的黑白色彩营销；
图4-44　品牌色彩营销的感染力。

来自Unsplash图片网站：

图1-1　消费者最容易感知的色彩形式；

图1-7　色彩应用的领域；
图1-15　手工上色的陶瓷盘；
图1-19　闪色彩妆；
图2-11　中性混合；
图2-12　麻灰纱效果的面料设计；
图2-13　叠色混合；
图2-65　黑色的深沉厚重；
图2-66　黑色的妖娆优雅；
图2-67　黑色的潮酷反叛；
图2-68　黑色的抑郁恐怖；
图2-70　白色的简洁纯粹；
图2-71　白色的严谨专注；
图2-75　灰色的混沌凝重；
图2-77　灰色的细腻丰富；
图2-78　灰色的忧郁无力；
图2-79　灰色的平庸廉价；
图2-81　褐色的醇厚温暖；
图2-82　褐色的自然柔和；
图2-91　银色的未来科幻感；
图2-92　荧光色的鲜艳与醒目；
图3-1　化妆盒中的色调；
图3-2　倾向不明确的色调；
图3-3　色相色调；
图3-4　冷暖色调。

来自Pexels图片网站：

图2-46　蓝色的纯净幽远；
图2-47　蓝色的舒缓放松；
图2-48　蓝色的随意质朴；
图2-50　时尚之蓝：科技蓝；
图2-53　橙色的虔诚专一；
图2-58　绿色的邪恶危险；
图2-60　紫色的高贵神秘；
图2-61　紫色的俏丽浪漫；
图2-76　灰色的含蓄内敛；

图2-80　时尚之灰：儒雅的男装常用色；
图2-83　褐色的健康活力；
图2-88　金色的富贵浮夸；
图2-90　银色的都市职业感；
图2-106　现代人模仿土著的红色装饰；
图2-119　日式色彩的自然美；
图2-120　色彩的病态美；
图2-121　火爆的撞色搭配；
图2-125　香港夜间街景色彩灵感分析；
图3-43　红紫配色；
图3-77　英国赛马会帽饰盛会；
图3-79　色彩丰富的袜子；
图3-81　色彩醒目的对比色包饰；
图3-83　色彩醒目的高纯度色腰带；
图3-85　特殊的围巾：新娘头纱；
图3-87　以材料色彩见长的首饰；
图3-89　色彩时尚质感亮眼的眼镜；
图4-3　拼布艺术；
图4-5　颜料自由渗化的偶发效果；
图4-6　光画艺术中的色彩随机生发效果；
图4-9　新媒体艺术带来的应激型偶发效果；
图4-14　能够影响色彩设计构思的原材料；
图4-15　编织技术带来的色彩效果；
图4-17　金属蒸镀工艺带来的色彩效果；
图4-22　主打色彩营销的T恤产品；
图4-23　流行形成期的色彩尝试；
图4-24　流行发展期的色彩跟从。

来自多个网络的图片拼接：

图1-6　伊夫·克莱因和国际克莱因蓝；
图2-1　牛顿三棱镜分光实验；
图2-18　蒂凡尼蓝的基因图谱；
图2-32　采用色彩自然命名法的孔雀蓝；
图2-52　橙色的活力炫动；
图2-54　橙色的警告提示；

图 2–55　时尚之橙：荷兰男足队服；
图 2–64　时尚之紫：潘通2018SS流行色；
图 2–69　时尚之黑：小黑裙；
图 2–104　莫兰迪色系；
图 2–105　采用莫兰迪色系的服饰设计；
图 2–109　从青绿画到水墨画；
图 2–118　爱尔兰航空的民族特色制服；
图 2–129　福建红砖厝色彩色彩分析；
图 4–8　滴彩油画的分层型偶发效果；
图 4–39　永恒的流行色：利休灰。

来自网络的世界名画：

图 1–12　蒙德里安油画《百老汇爵士乐》局部；
图 1–17　梵高油画《星空》局部；
图 2–4　莫奈油画《干草堆》局部；
图 2–5　夏尔丹油画《静物》局部；
图 2–6　安迪·沃霍尔版画《玛丽莲·梦露》；
图 2–40　红色的勇武强势，大卫油画《跨越阿尔卑斯山圣伯纳隘道的拿破仑》局部；
图 2–42　黄色的明亮率真，梵高油画《向日葵》局部；
图 2–44　黄色的虚伪妒忌，乔托油画《犹大之吻》局部；
图 2–49　蓝色的忧郁落寞，毕加索油画《拿烟斗的少年》局部；
图 2–51　橙色的丰饶喜悦，塞尚油画《苹果和橘子》；
图 2–56　绿色的自然青春，列维坦油画《寂静的修道院》局部；
图 2–63　紫色的奢侈和神经质，蒙克油画《呐喊》局部；
图 2–84　褐色的含混污糟，牟利罗油画《吃水果的少年》局部；
图 2–103　莫兰迪油画《静物》局部；
图 2–111　现代潘天寿作品《朝日艳芙蕖》局部；
图 2–112　唐代周昉作品《簪花仕女图》局部；
图 2–114　近现代张大千作品《牡丹图》局部；
图 2–115　现代王雪涛作品《草虫图》局部；
图 3–45　黄紫配色，伦勃朗油画《戴金盔的男人》；
图 3–55　复杂的多色对比，梵高油画《夜间的咖啡店》；
图 3–76　饰品配色的相似律与相反律，费里达油画《戴着荆条与蜂鸟项链的自画像》。

2.他人提供

图1-10　惠山彩塑中的符号性配色，由周璐提供；
图1-23　旋子彩画色彩灵感图，来自学生董家摇；
图1-24　杨家埠年画色彩灵感图，来自学生陈楷萱；
图2-21　同种色面料配色，来自学生孙欣悦；
图2-22　类似色面料配色，来自学生陈奕霏；
图2-25　邻近色面料配色，来自学生易水云；
图2-26　中差色面料配色，来自学生龚楚；
图2-29　对比色面料配色，来自学生陈紫凝；
图2-30　互补色面料配色，来自学生崔瑞桐；
图2-37　有彩色配色、无彩色配色、有彩色与无彩色混搭配色，来自学生李越；
图2-72　白色的纯净文雅，由柯懿玲女士提供；
图2-126　香港夜间街景色彩对应装饰插画，来自学生龚楚；
图2-128　湖南醴陵釉下五彩瓷对应装饰插画，来自学生黄子怡；
图2-130　福建红砖厝色彩对应装饰插画，来自学生廖彬津；
图2-132　粤剧点翠头面色彩对应装饰插画，来自学生李欢欣；
图3-6　暖灰配色与冷灰配色，来自学生袁含章；
图3-24　单纯甜美型，来自学生戴依森；
图3-25　天使洛丽型，来自学生段雨竹；
图3-26　夸张创意型，来自学生李淑嵘；
图3-27　街头涂鸦型，来自学生金倩；
图3-28　古典尊贵型，来自学生陈欣；
图3-29　摇滚朋克型，来自学生蔡卓彤；
图3-30　浪漫文艺型，来自学生许芸月；
图3-31　自然休闲型，来自学生张曦彤；
图3-32　优雅知性型，来自学生戴依森；
图3-33　田园自然型，来自学生黄毓麟；
图3-34　时髦解构型，来自学生冯芷晴；
图3-35　严肃正式型，来自学生戴依森；
图3-36　青春学院型，来自学生郭薇；
图3-37　职业通勤型，来自学生周萌；
图3-38　都市中性型，来自学生郎晨汐；
图3-39　冷峻未来型，佚名；
图3-40　古典民族型，来自学生胡雅倩；
图3-41　工业复古型，来自学生张钰浠；

图 3-57　同一调和效果图，来自学生陈颖琦、王雅婷；
图 3-58　互混调和效果图，来自学生罗尧、李卓凡；
图 3-59　秩序调和效果图，来自学生陈颖琦、罗尧；
图 3-60　间隔调和效果图，来自学生任可颖、郁怡薇；
图 3-61　面积调和效果图，来自学生杜亚鸿、王明慧；
图 3-62　反复调和效果图，来自学生王明慧、杨好；
图 3-63　聚散调和效果图，来自学生陈楷萱、廖彬津；
图 3-64　多色类似调和效果图，来自学生李卓凡、李岱蓁；
图 3-65　多色对比调和效果图，来自学生陈楷萱、伦晓婷；
图 3-66　色彩对称，来自学生缑钰昇；
图 3-67　色彩均衡，来自学生罗尧；
图 3-68　色彩对比，来自学生杜亚鸿；
图 3-69　色彩主从，来自学生王艺霏；
图 3-70　色彩强调，来自学生孙欣悦；
图 3-71　色彩点缀，来自学生李卓凡；
图 3-72　色彩节奏，来自学生吴小年；
图 3-73　色彩渐变，来自学生王雅婷；
图 3-74　色彩呼应，来自学生李越；
图 3-75　色彩层次，来自学生江妍娜；
图 3-91　服装配色与变调练习 1，来自学生曾艺欣；
图 3-92　服装配色与变调练习 2，来自学生江妍娜；
图 3-93　服装配色与变调练习（续），来自学生江妍娜；
图 4-2　手工、环保概念下的莨绸生产技艺，由崔荣荣提供；
图 4-12　基于分层型偶发性色彩的剪绒织物开发，由赵曦乐提供；
图 4-21　面料还原成纱线后进行的面料二次设计，由陈媛婷、曾文欣提供；
图 4-43　源自传统蓝印花布色彩的"中国蓝"研究，由王雪提供；
图 4-45　品牌色彩规划作业 1，来自学生陈浩川、缑钰昇、蔡鸿燊；
图 4-46　品牌色彩规划作业 2，来自学生郁怡薇、郝益菲、王雅婷、任可颐。

3. 源自来件、APP 截屏

图 1-22　Color Grab 的起始页、色彩图谱分析过程和分析结果；
图 2-123　"中国色"网站的界面。

4. 其余为笔者自制或拍摄

后 记

色彩与我们共创未来

谨以此书，献给每一位热爱生活的人。

书中使用的插图大部分来自于免费可商用图片网站，部分为编著者和师友、学生提供，少量来自国内知名网站，因为涉及人数众多，未能一一与各位作者联系，在此向各位图片创作者表示深深地敬意与感谢！

潘春宇

2020年5月于江南大学